U0185718

枯萎病

大灭绝时代我们如何与真菌共存

BLIGHT

FUNGI AND THE COMING PANDEMIC

[美] 艾米莉·莫诺森
Emily Monosson 著

牟文婷 李树林 译

中国科学技术出版社
·北 京·

北京市版权局著作权合同登记 图字：01-2024-0641

图书在版编目（CIP）数据

枯萎病：大灭绝时代我们如何与真菌共存 /（美）艾米莉·莫诺森（Emily Monosson）著；牟文婷，李树林译 .— 北京：中国科学技术出版社，2024.4

书名原文：Blight: Fungi and the Coming Pandemic

ISBN 978-7-5236-0433-5

Ⅰ．①枯… Ⅱ．①艾… ②牟… ③李… Ⅲ．①真菌—普及读物 Ⅳ．① Q949.32-49

中国国家版本馆 CIP 数据核字（2024）第 042307 号

策划编辑	刘　畅　宋竹青	**责任编辑**	刘　畅
封面设计	东合社·安宁	**版式设计**	蚂蚁设计
责任校对	吕传新	**责任印制**	李晓霖

出　　版	中国科学技术出版社
发　　行	中国科学技术出版社有限公司发行部
地　　址	北京市海淀区中关村南大街 16 号
邮　　编	100081
发行电话	010-62173865
传　　真	010-62173081
网　　址	http://www.cspbooks.com.cn

开　　本	880mm × 1230mm　1/32
字　　数	208 千字
印　　张	9
版　　次	2024 年 4 月第 1 版
印　　次	2024 年 4 月第 1 次印刷
印　　刷	北京盛通印刷股份有限公司
书　　号	ISBN 978-7-5236-0433-5/Q · 267
定　　价	69.00 元

（凡购买本社图书，如有缺页、倒页、脱页者，本社发行部负责调换）

目录

引言……001
第1章 出现……009
第2章 灭绝……031
第3章 灾难……051
第4章 食物……083
第5章 夜晚……101
第6章 抗性……129
第7章 多样性……151
第8章 修复……167

第9章 监管……187
第10章 责任……215
致谢……231
注释……237
延伸阅读……281
真菌表……283

引言

佛蒙特州（Vermont）有一座山，山上有个大洞穴，一颗真菌孢子静静地躺在洞穴的地面上。早春之际，当蝙蝠（主要指小棕蝠）陆续到达夏季栖息地时，孢子就出现了。这个洞穴曾是蝙蝠的冬眠地，在这段食物匮乏的日子里，洞穴不仅给它们提供了容身之处，还帮它们节省了体能。孢子是一种微型“胶囊”，有轻微的弧度，有点像葛缕子籽或香蕉，它们能在洞穴的泥土上存活好几个月。每当秋季来临，蝙蝠就会回到这里，它们打算在此度过严苛的冬季。此时，一只早春出生的雌性蝙蝠幼崽恰巧趴在泥地的水坑里饮水。它刚从几十英里[①]外的出生地飞到这个洞穴，在它喝水的瞬间，翅膀轻轻地拂过了地面上的孢子，孢子就顺势搭上了这趟顺风车，准备开启自己的旅程。不久，粘在蝙蝠翼膜上的孢子开始生长，在搜索食物的过程中长出了菌丝。

事实证明，蝙蝠的皮肤富含真菌生长所需的营养物质。真菌以角蛋白为食。虽然洞穴的温度很低，只有零上几度，但这种特殊的真菌就喜欢低温环境。它们会侵入小棕蝠的翅膀并蚕食它。真菌在繁殖的时候会释放数百个孢子和菌丝碎片，因此，洞穴的

① 1 英里约等于 1.609 千米。——编者注

岩壁上、泥地里以及蝙蝠的身上到处都是它们的踪迹。雌性蝙蝠幼崽在感染了真菌后将会死亡。随着时间的推移，居住在同一个洞穴里的蝙蝠也会死于真菌感染。之后，成百上千的蝙蝠在感染了这种真菌后，大部分都会死亡（但并非全部）。

这种真菌便是锈腐假裸囊子菌，它们会引发白鼻综合征（White nose syndrome）。这种病是在21世纪初被发现的，造成了数百万只蝙蝠的死亡，它们很有可能是通过落在洞穴地面上的孢子完成了传播。

春天的空气凉爽而潮湿，此时，美国西部山区的空气中布满了一种叫作“锈病”（Rust）的真菌孢子，有些孢子会落在白皮松的常绿针叶上。这是一棵老树，在经历了几十年的风吹雨打后，依然顽强地与命运做抗争，虽然无情的岁月压弯了它的脊梁，但它是幸运的。不知道这样的好运还能维持多久，那些落在针叶上的孢子会引发真菌感染，即松疱锈菌病（White pine blister rust）。弥散的薄雾让空气变得阴凉，孢子开始萌发，它们会侵入松针、小枝丫、树枝和树干。这棵老树和那只小蝙蝠一样，都是首次与真菌抗衡，无论它们有着什么样的天然防御机能，此时都显得力不从心。随着真菌的生长，松针逐渐变黄、枯萎。几年后，老树枯死了。这样的场景已经上演了数百万次，1个多世纪前，这种真菌进入了欧洲大陆，它们现在仍是一个问题。20年前，能杀死蝙蝠的真菌出现了，现在它们仍在整个欧洲大陆蔓延。很多科学家认为，一旦真菌出现并扎根，它们就不会“消失”。锈菌会留下来，蝙蝠菌也会留下来。树木、蝙蝠及其他受真菌影响的物种都有灭绝的风险，可能会永远从地球上消失。

总的来说，传染性真菌和真菌性病原体是地球上最具毁灭性的病原体。从 20 世纪起，由新型真菌引起的跨物种（包括人类）疾病的发病率已经有所上升。这些真菌从哪里来？我们该怎么做才能阻止它们出现？

***

锈菌、霉菌、蘑菇，我们周围到处是真菌孢子。真菌孢子是新生的真菌，非常微小，它们无处不在。当我们打扫冰箱时，发现里面放着一桶久置的酸奶，打开酸奶就能看到一层厚厚的“绿毛垫”；洪水肆虐后，房屋的断壁残垣上布满了粉色和黄色的绒毛；我们呼吸的空气中满是真菌孢子，即便是地下的土壤里也暗藏着成团的线状菌丝，这些菌丝会吸收水、营养物质和其他化学物质。无论是深海，还是切尔诺贝利的放射性废墟，抑或是绕地旋转的国际空间站里的湿毛巾，到处都有真菌的踪迹。如果你做过酸面包就会知道，厨房里漂着的酵母也属于真菌，但它们大多是无害的。面包上长满的小黑点是根霉菌，每个小黑点上都有成千上万颗孢子。这些小黑点上聚集了大量的根霉菌，因此人们才能通过肉眼观察到它们。引起玉米黑穗病（Corn smut）的真菌会形成菌瘿，能在田地里传播 250 亿个孢子。[1] 据化学家估算，大气中每年约有 5000 万吨孢子，这些孢子都是从地面吹到空中的。[2] 虽然大部分真菌都以孢子来繁衍后代，但并非全部。酵母和它们的亲戚也会通过芽殖[①]的方式来繁殖，不过，酵母在恶劣的环境下也会产生孢子。

大多数真菌都以孢子的形式进行传播，有些孢子会从一片叶子落到另一片叶子，移动距离还不足1英寸；有些则会漂洋过海，在低温、干燥、高海拔的强光环境下生存。我们也会携带孢子（它们会粘在我们的衣服和毛发上），呼吸间就带走了成千上万颗孢子。除此之外，我们的靴子和运动鞋的鞋底，汽车和卡车的轮胎，都能携带泥土上的孢子。当我们行走时，它们会散落在路边；当我们乘坐飞机时，它们就会漂洋过海，从一个洲到达另一个洲。真菌孢子能在国际空间站中绕地运行，有些则会和我们一起登上月球、火星。有些孢子必须迅速萌发，否则就会死亡，因此，它们可能无法在漫长而艰苦的旅行中存活下来；有些孢子的生命力比其他孢子更顽强，能在艰辛的旅途中存活下来，但当它们无法遇到合适的宿主时就会死亡；而有些孢子在未遇到适宜的生长条件时会休眠，当宿主想在这片土壤中扎根时，它们可能已经在这里休眠了数十年。因此，从某种程度上来讲，有些真菌特别难缠。有些致病性真菌能在没有宿主的情况下存活数天、数月甚至是数年。真菌孢子和其他类型的病原微生物不同，它们的持久性显而易见，每个孢子都携带着霉菌、黑穗病菌或其他真菌的

---

① 芽殖又叫出芽生殖（budding reproduction）。酵母菌的繁殖方式包括无性繁殖和有性繁殖，无性繁殖方式包括芽殖和裂殖。芽殖是酵母菌最普遍的繁殖方式，其过程是：成熟的母细胞在其形成芽体的部位长出芽细胞，芽细胞脱离母体，成为新的个体细胞。——译者注

基因。据估算，世界上至少有600万种真菌（相对而言，全球约有200万种动物，其中大多数是昆虫，还有近40万种植物，不包括苔藓等类似的物种）。[3]因此，在地球上物种多样性最高的生命类型中，它们占有一席之地。

对动植物和人类而言，大部分由孢子发育而来的真菌至关重要。我们的肠道和皮肤微生物组的成员不仅包括细菌，还包括病毒、原生动物和真菌，它们构成了我们体内（体表）的微生物群落，具有动态性、多样化的特点。菌根是地下真菌和植物根部所形成的共生体，它们不仅能为植物提供养分，还能抑制致病微生物的生长。亚历山大·弗莱明（Alexander Fleming）具有敏锐的观察力，机缘巧合之下，他发现了能救人性命的青霉素。这是一种由真菌产生的抗生素，我们常常会在腐烂的面包、腐败的哈密瓜外皮上看到这种真菌。

我们见到的很多真菌都是蘑菇，它们长着肉乎乎的子实体，再配上一些奇奇怪怪的名字，比如粉色迪斯科（Pink Disco）、毁灭天使（Destroying Angel）和死人手指（Dead-Man's Fingers）。羊肚菌、鸡油菌、灰树花和其他一些真菌简直就是厨房里的佳肴。有些真菌会在代谢过程中合成致幻剂或毒药。蘑菇其实是不断膨胀的菌丝，这些丝状菌丝结合在一起，向上生长，可以顶破树皮、土壤，有时甚至是公路。这些蘑菇和其他真菌子实体（并不是每个真菌都能长成蘑菇）会释放出孢子。当它们生长时，菌丝会在树木和其他植物根茎周围及内部生长，或是懒散地躺在腐烂的原木上。真菌是世界上最重要的分解者之一，它们把死去的生物转化为养分和土壤。虽然真菌可能会让我们联想到植物，但实际上它们与动物的关系更密切。

动物，即使是微小的动物，也要吃东西。我们在胃部消化食物。那真菌是怎么消化食物的呢？首先，它们会把消化液输送到环境里，里面的酶能分解动植物和其他微生物。被大风吹倒的白桦树、浴室的墙壁、一块奶酪、人类的尸体，都能通过这种方式转化成营养物质。以尸体为生的真菌，即所谓的腐生菌，它们会把皮肤、羽毛、树皮和叶片分解成分子，例如氨基酸、脂肪酸和单糖，而这些分子又是真菌、植物和其他生物的营养物质。然后真菌再从这些被分解的物质中吸收所需的营养物质。如果没有真菌，地球早已被尸体覆盖，根本无法生存。大部分真菌就算不与其他生物相互协作，也能相安无事。有些真菌则不然，有的甚至会以活物为食。虽然大多数真菌能滋养生命，但真菌病原体却也会带走生命。

也许你曾读过有关青蛙灭绝的报道；如果你生活在美国东北部，你或许曾看到过蝙蝠消失的新闻；或者你已经知道了医院和疗养院里致命的酵母菌感染。假如你爱喝咖啡和可可，爱吃香蕉，那么你也可能读到过一两篇有关这些植物将会灭绝的文章。真菌的威胁就像新闻标题所暗示的那样，并不是“一次性的”、单个物种的问题，它们是一种规模庞大、持续时间长、覆盖面广、具有潜在灾难性的问题。每个物种（种群）的灭绝都给我们造成了严重的损失。青蛙和蝙蝠以飞蛾等昆虫为食，它们的灭绝为毛毛虫和其他昆虫的繁殖提供了机会，一些有害的昆虫不仅会吃农作物，还会传染病害。坚果和松树支撑了整个生态系统，包括熊、鸟、鱼、植物和微生物群落在内，其中还有我们爱吃的蘑菇。当熊或鱼突然失去食物时会发生什么呢？

我以生态学家、医生、生物学家、护林员、政策制定者和公民的角度来讲述这些物种灭绝的故事，他们正在争分夺秒地拯救已知的动植物和人类。有些人花费了几十年的时间来培育抗病树木，但他们在世的时候可能都无法看到自己的成果。农业科学家、遗传学家和种子保存者在作物多样性中寻找具有抗性的植株，以确保香蕉或小麦能够幸存。有些国家试图通过收紧贸易和旅行政策，开发新技术，从而避免未来的真菌大流行。大家一致认为，一旦致病性真菌定居下来，它们就不会再“消失”，因为一些真菌能在没有宿主的情况下长期休眠。除此之外，大家还认为，遗传多样性是确保物种生存的最佳办法。如果我们的社会能够对此给予关注，那么他们的努力就会给未来带来一线生机。

虽然预防很困难，但也并非绝无可能。这意味着我们给动植物搬家时要更加小心；我们要依赖快速的疾病诊断技术，制定阳性检测结果的应急方案；甚至当我们在全球各地游走时，都要格外小心。这也意味着我们要保护生物的多样性，减少生物栖息地的丧失。一旦预防失败，那么我们就要考虑对抗真菌大流行的另一种方案，即保护树木、蝾螈和农作物种群的遗传多样性及潜在的抗性基因。但是，没人能确保基因拯救计划万无一失。当我们消除了物种之间的自然屏障时，就有可能引发新型疾病。虽然大多数的相互作用都是无害的，但偶尔也会出现一些小问题，有时甚至还会引发灾难。

本篇提到的这些流行病，每种都始于真菌，它们从原来的环境来到了一个全新的环境，并找到了一个合适的宿主。尽管世界上有很多真菌，但大多数真菌都是无害的。不过，当它们发现一种新的、易感染的宿主时，少数真菌就会引发巨大的灾难。我们接下来的工作便是阻止潜在的有害真菌与易感宿主相遇——包括人类。

第1章 | 出现

2016年11月4日，美国疾病预防控制中心在《发病率和死亡率周报》（*Mortality and Morbidity Weekly*）上刊登了一则头条文章，报道了一种人们难以想象的感染。虽然人们在此之前并未意识到这种感染，但一时间，几乎全球各地都在报道这种传染病。这种新型感染不仅在诊断上存在困难，而且致死率极高，30%~60%的患者都会死亡，就算侥幸确诊，治疗时还要考虑真菌的耐药性。这种真菌不仅传播力强（病人之间会相互传播），治愈难度大，还会污染医院的仪器和病房。那么造成这种感染的罪魁祸首是谁呢？答案是耳道假丝酵母菌，它们属于真菌中的酵母菌类。虽然这种新发真菌病原体不太常见，但也不算是闻所未闻的罕见菌。耳道假丝酵母菌会感染免疫功能不全的人群，例如服用了强效类固醇药物的患者、癌症幸存者和器官移植者，目前这类人群的数量呈上升趋势。[1]耳道假丝酵母菌很特别，它们具有耐药性，会对真菌药物（某些或全部）产生抗性，但具体的耐药性情况则取决于菌株类型。由于它们会在患者和医院间传播，因此容易让人们误判为细菌，而非真菌。耳道假丝酵母菌很特别，虽然人们不知道它们从何而来，但一经发现就无处不在。

美国疾病预防控制中心承担着疾病的监测和鉴定等工作。疟疾控制是他们负责的第一项任务，时间可以追溯到20世纪40年代。自此，疾病预防控制中心就变成了医学界新发传染病的追踪和示警机构，包括埃博拉、脑膜炎、流感、艾滋病毒和新型冠状病毒等一系列令人迷惑的传染病，这里汇聚了顶尖的医生、兽医、微生物学家、流行病学家以及其他科学家。早在 2015 年，此时的耳道假丝酵母菌还未成为公众关注的问题，巴基斯坦的一所医学真菌实验室就曾给疾病预防控制中心的真菌参比实验室寄来了一些样本。由于当地爆发了疫情，寄送样本的科学家们想确认一下，引发疫情的真菌是否是他们所猜想的酿酒酵母菌。酿酒酵母菌也被称为啤酒酵母菌，主要用于啤酒和葡萄酒的酿造，以及面包的制作，但在某些情况下，它们也会引发感染，造成疾病。疾病预防控制中心的实验室对样本进行了检测，最终发现他们的鉴定结果有误。这种真菌并非酿酒酵母菌，而是耳道假丝酵母菌，这种真菌早在 10 年前就已经被人们鉴定出来了，因为是从一位日本患者的耳道中分离出来的，因此被命名为耳道假丝酵母菌，即一种耳朵里的真菌。

1 年后，全球各地都出现了耳道假丝酵母菌的报道，例如发生在美国的少数几个病例及回顾性诊断，美国疾病预防控制中心也正是在这个时候发布了有关该疾病的首次预警。预警一旦发出，很多疑似病例就能确诊，仅美国本土就出现了数百个病例，而全球的病例数则高达几千例。2019 年 4 月，《纽约时报》（*New York Times*）上刊登了一篇报道，一名患者在感染了耳道假丝酵母菌后，前往纽约布鲁克林西奈山医院接受了住院治疗。3 个月后，该患者因病离世。[2] 此时的病房里已经布满了耳道假丝酵母菌。院长斯科特·洛林（Scott Lorin）医生在接受《泰晤士报》（*The Times*）的采访时说道："到处都是耳道假丝酵母菌——墙壁、床、门、窗帘、电话、水槽、白板、柱子和泵上都有。床垫、床上的护栏、咖啡罐孔、百叶窗、天花板，房间里的每一样东西上都粘着耳道假丝酵母菌。”医院当时已经用消毒剂对整个病房进行了消杀灭菌，但耳道假丝酵母菌对其产生了抗性，不得已，医院拆掉了病房的瓷砖和墙板。[3]汤姆·奇勒（Tom Chiller）是美国疾病预防控制中心真菌疾病部门的负责人，在应对疑难杂症方面，他已经积累了数十年的经验。他认为，耳道假丝酵母菌是一个大难题。它们不仅有很强的耐药性，难以治愈，还没人知道它们是怎么出现的，从哪里来，[4]这种真菌是“来自黑湖的怪物”。[5]

更糟糕的是，科学家们担心，耳道假丝酵母菌的出现预示着有可能会出现其他致病性真菌。20世纪，其他物种因真菌感染而蒙受了巨大的损失。迄今为止，人类都很幸运，但现在看来，我们的好运即将走向尽头。

***

酵母菌的踪迹遍布全球各地，很多生物的体内或体外都有酵母菌，例如萤火虫、苹果、橡胶树、花朵、土壤、红树林、蓝仿石鲈等。[6]虽然地球上有成千上万种酵母菌，例如假丝酵母菌，但大部分酵母菌都对人类无害。有些酵母菌甚至还是人类肠道微生物组的成员。我们的肠道内生活着细菌、病毒、酵母菌及其他微生物。肠道微生物群落和其他群落一样，其中的每个成员都扮演着不同的角色：有些微生物是有益菌，它们会和自己的邻居共享资源或空间；有些微生物则会彼此竞争，释放有害的化学物质，防止附近的微生物分享它们的食物，进入它们的空间（肠道里或皮肤上）；还有一些微生物我行我素，它们既不属于有益菌也不属于有害菌。科学家才刚刚迈入这些复杂的关系里，开始研究它们对我们的影响。大多数致病微生物都不是人类微生物组的成员，它们属于外来微生物——例如流感病毒、造成莱姆病（Lyme disease）的伯氏疏螺旋体（Borrelia burgdorferi），引起食物中毒的沙门氏菌。但在某些情况下，有些典型的无害微生物也会致病，例如白假丝酵母菌，它们是人类肠道微生物组的成员，在正常情况下，我们能与之和平共处；但当条件发生改变时，它们就会引发疾病，甚至造成死亡。

白假丝酵母菌和耳道假丝酵母菌都属于子囊菌门（Ascomycota），子囊菌门的微生物种类繁多，例如死人手指、皱盖钟菌及小巧玲珑的猩红肉杯菌。假丝酵母菌属于子囊菌门里的半知菌亚门。其中有些物种的亲缘关系较近，有些则相差甚远。假丝酵母菌属的真菌很奇怪，人们会用这样一句话来形容它们，“废纸篓子，里面装了几百个没什么亲缘关系的物种”。[7]有位科学家曾对我说，耳道假丝酵母菌和白假丝酵母菌之间的差异，就像人类和鱼之间的区别那么大。那么，酵母菌的共同点是什么呢？其实，它们和细菌一样，都是单细胞生物，除此之外就没什么了，因此很难将它们区分开来，除非将它们接种到培养皿上。

酵母菌会一直繁殖，当数量达到几百万时就能形成菌落。大部分情况下，酵母菌会以芽殖的方式进行无性繁殖，大约 100 分钟繁殖一代。[8]这种生命周期更易让人们联想到细菌而非真菌。在某些情况下，典型的真菌会长出菌丝，进行有性繁殖，但酵母菌很少会这样。虽然大部分真菌都能以有性或无性的方式繁殖后代，但并不是每种真菌都会这样。有些真菌更倾向于无性繁殖，例如酵母菌，有些真菌则会在有性繁殖和无性繁殖之间循环。提到真菌的有性繁殖，我们会惊叹它们的多样性，一种真菌至少有上千种不同的“结合型”。[9] 当酵母菌进行有性繁殖时，往往会把原本椭圆的身子伸展成“Shmoos”的形状，这是20世纪初由阿尔弗雷德·杰拉尔德·卡普林（Alfred Gerald Caplin）创造的卡通人物形象。性感受力强的“Shmoos”在受到信息素的吸引后，会来到另一个酵母菌旁。当我们在培养皿上培养酵母时，这些肉眼看不见的细胞会堆积起来，先长成针孔大小，再长成圆形的小丘（或扁平的圆盘），看起来就像飞溅出的油漆点。耳道假丝酵母菌的菌落通常呈乳白色或白色，但在某些培养基上会呈粉红色或紫色。

当我们面对皮肤、生殖器或喉咙部位的真菌感染时，要么把感染处藏起来，要么去看医生，其实它们很少造成死亡，但当真菌侵入血液后就另当别论了。全球每年感染真菌的人数约有10亿，陷入生命危险的患者约有1.5亿，其中，死亡人数超过160万。[10] 这与结核病的情况相似，但比疟疾严重3倍。由于真菌的种类、菌株和其他条件的不同，有些侵袭性真菌的致死率高达30%~100%。在医院，假丝酵母菌属的真菌是造成血液感染的常见病因，其实，大部分感染都是由白假丝酵母菌引起的。早在耳道假丝酵母菌出现之前，就出现了全身性酵母菌感染，它们因较高的致死率而臭名昭著，即便使用了抗真菌药物，死亡率也在40%左右。[11]

20世纪50年代，媒体首次报道了白假丝酵母菌感染。现在，这种真菌造成的感染呈上升趋势，从鹅口疮（由口腔和喉咙中的酵母菌引起）到阴道感染，再到更严重、更罕见的内脏器官（如心脏）真菌感染。造成这一切的原因竟然是抗生素，因此，也有人把酵母菌感染称为“抗生素疾病”。[12] 抗生素的好处有很多，但这种强效药不仅可以杀死目标菌，还会杀死有益菌。广谱抗生素会杀死乳酸菌和双歧杆菌等肠道菌，从而造成真菌过度繁殖，因为这些细菌能控制白假丝酵母菌的数量。当这些细菌的数量减少时，像白假丝酵母菌这样的真菌就有可能爆发。因此，抗生素会让我们更易感染条件性致病真菌。

幸运的是，对于那些长期服用抗生素的患者，医生会给他们使用抗真菌药物，为了减轻耐药性，还会交替用药。对于没有生命危险的患者而言，我们能更容易地解决抗生素带来的影响。喝酸奶的原因有很多，但对于服用了抗生素的人而言，酸奶中的嗜酸乳杆菌有益于身体健康。我们还能服用布拉迪酵母菌胶囊，这种酵母菌能保持微生物的平衡。如果我们确保了微生物群系的正常，就会降低有害微生物侵袭人体的概率。

在我们一生中的大部分时光里，微生物组都在防止条件性致病菌的入侵（尤其是那些已经居住在此的微生物）。这些微生物大部分都是细菌，无论从数量上来讲还是从多样性上来讲，它们都超过了真菌，原因就在于我们的体温。很多细菌的生长温度是37℃，这是人体的正常温度，但对很多真菌来讲，我们的身体就如同死亡谷一样。大部分真菌的生长温度在12℃~30℃之间。[13] 虽然哺乳类动物的体温很高，但它和健康的微生物群组一样，能让我们免遭真菌的入侵。不过，有些科学家担心，我们的体温屏障开始失效了。

***

十几年前，约翰斯·霍普金斯大学布隆博格公共卫生学院（Johns Hopkins Bloomberg School of Public Health）的微生物学家和免疫学家阿图罗·卡萨德瓦利（Arturo Casadevall）曾发表过一篇论文，他认为，真菌对温度的耐受性相对较低，这可能是哺乳类动物崛起的原因。他将这种现象称为“真菌滤器”。[14]“哺乳类动物的代谢方式很奇怪”，他说，“我们要吃很多东西，很多人每天都要进食四到五餐。这还不是地球上其他哺乳类动物所消耗的食物量。进入体内的大部分食物都用于维持体温”。[15]卡萨德瓦利认为，我们是高能量动物，一定有什么原因迫使我们选择了这种看起来并没有好处的新陈代谢方式。[16]早在2亿年前，地球的统治者是一些像雷克斯暴龙这样的巨型蜥脚类恐龙、剑龙以及兽脚亚目恐龙，直到6600万年前，哺乳类动物都不是地球上的优势物种。后来，一颗小行星撞击了地球，约有80%的动物物种（从恐龙到海洋里的无脊椎动物）都灭绝了。

根据卡萨德瓦利的说法，小行星撞击地球后，“真菌开始大规模繁殖，这点通过化石就能看出来。每种幸存下来的动物都会接触到真菌孢子和潜在的病原体”。几千万年前的石灰岩、页岩和砂岩保留下来的不仅是骨头，它们还记录了蠕虫、植物和昆虫的痕迹，除此之外，还有植物的花粉和真菌的孢子。在历经了小行星撞击事件后，地球沉浸在一片死气里，到处都是动植物的尸体，枯黄的植物，垂死的动物，但这对真菌来讲，却是一场饕餮盛宴。地球上再也不会出现第二个爬行动物时代，因为真菌感染了爬行动物（它们易受真菌感染），在真菌的作用下，恒温的哺乳类动物得以幸存。虽然这是个假设，但它还能解释另一个问题，那就是为什么适应了人类体温的细菌和病毒所带来的危害远大于真菌。

卡萨德瓦利认为，温度是我们对抗真菌的一种重要的防御措施，而它正在面临气候变化的挑战。温暖的环境可能促使某些真菌进化出高温适应机制。如果某种真菌打破了温度壁垒，那么人类和其他哺乳动物就可能成为真菌的新型宿主，原本生长在湿地或苹果树上的酵母菌就会进化，继而感染山羊、蝙蝠和人类。

2010 年，卡萨德瓦利和莫妮卡·加西亚·索拉切（Monica Garcia-Solache）曾共同在一份科学杂志上发表过一篇评论文章。他们猜想，地球温度的升高不仅有可能改变（增加）致病性真菌的地理范围，还可能筛选出一些对体温有更高耐受性的新发真菌病原体。[17] 时间来到了 2019 年，耳道假丝酵母菌出现了，卡萨德瓦利和同事们认为，这种真菌可能是首个由气候造就的新发人类真菌病原体。[18] 他说，当我们步入现在这个高温世纪后，有些真菌将适应这种高温，打破“真菌滤器”，这点令人担忧。“目前，环境中的大部分真菌根本无法适应我们的体温，但一旦有真菌能适应更高的温度，我们就有可能暴露在新发病原体下。这就是我曾针对耳道假丝酵母菌提到的观点。”[19]

卡萨德瓦利认为，假如某种真菌的生长温度是 36℃，将它们暴露在炎热的环境中一段时间后，这种真菌最终可能会适应37℃，而37℃正是我们的体温，这小小的1℃就有可能决定我们的生死。众所周知，真菌能迅速地适应温度，这意味着我们造就的每个高温气候都像是在“掷骰子”。“我们认为这就像煤矿里的金丝雀①”，卡萨德瓦利说。真菌已经整装待发，准备感染其他物种，可能是昆虫也可能是爬行动物，但它们目前还无法适应人的体温。如果在未来的某一刻，有些真菌适应了人的体温，那么，大问题来了。卡萨德瓦利承认，也许还有其他的原因，“但目前我们还没有其他的解释”。

2006年，人们首次将耳道假丝酵母菌从一名日本患者的耳道中分离出来，研究人员将这份样本保存下来，进行进一步的研究。这项研究旨在收集致病性酵母菌，并对它们进行抗真菌药物实验。[20]同年，韩国也发现了这种真菌，患者的耳部往往会出现慢性感染。2009年，医生竟然在1名老年患者和2名婴儿的血液中检测到了这种真菌，地点还是在韩国。最终，这3个病人里只有一个婴儿活了下来。“耳部”真菌现在开始致命了。[21]2016年，美国疾病预防控制中心认为，耳道假丝酵母菌属于紧急威胁，并及时建议美国的医院和其他长期护理机构对此保持警惕。此时的流行菌株似乎已经开始在患者和医院之间传播了，这一特点更容

① 从1911年开始，金丝雀基本成为每一座英国煤矿的标配。那时，矿工们在下矿井时会带一只金丝雀，金丝雀对瓦斯极其敏感，稍微有瓦斯泄漏，它就会停止“歌唱”，浓度再高一些，金丝雀就会立即中毒身亡。——译者注

易让人们想到细菌而非真菌。有种假设认为，由于耳道的温度比身体其他部位的温度低，真菌更容易适应耳道的温度，因此它们会首先感染耳道。这是真菌进入人体的第一步。

布兰登·杰克逊（Brendan Jackson）是美国疾病预防控制中心的流行病学家，2019年，他和他的同事发表了一篇文章，题目为《一个物种的起源：如何解释耳道假丝酵母菌的兴起》。[22]美国疾病预防控制中心的研究小组已经鉴定出4个基因完全不同的耳道假丝酵母菌，它们“几乎同时”出现在东亚、南亚、非洲和南美洲，美国出现的大部分病患可能都是南亚人。另一个研究小组随后发表的一篇文章认为，伊朗也存在潜在的新发人群。[23]总的来说，科学家们认为有4个“分支”（起源于同一祖先的不同种群），可能还有更多的耳道假丝酵母菌。大家应该还记得新型冠状病毒，该病毒演变出了好几个不同的变种，它们并不是由单一毒株进化而来的。在这一点上，耳道假丝酵母菌与新型冠状病毒很相似。

当人们把最早的耳道假丝酵母菌感染归为“新鲜事”时，杰克逊对此持怀疑态度。他认为这可能是一种假爆发，由于现在的疾病检测技术得到了发展，在此之前，这种酵母菌或许已经被误诊了很多年。但早期的一份数据显示，1996—2009年，研究人员收集了上万份假丝酵母菌样本，其中并没有耳道假丝酵母菌，因此，他很快便打消了这种想法。[24]值得注意的是，为什么这些真菌的分支在地理位置上这么分散。它们是从哪里来的？为什么在现在出现？

耳道假丝酵母菌的出现的确很奇怪，埃博拉病毒也是这样，在它向外扩散之前只出现在中非某一区域。[25]最近，巴西、阿根廷、巴拉圭和巴拿马出现了一种由巴西孢子丝菌引起的疾病，它能从猫传染给人（也能在猫之间进行传播）。1998年，在里约热内卢，人们首次将该病症确认为一种奇怪的临床现象，它们经过宿主猫科动物的携带后，传播到了美洲各地。[26]某种疾病在某个地方出现并传播到世界各地（同时不断变异）的案例并不罕见，但是，引起这种疾病的微生物同时出现在不同的地理区域，还具有不同的遗传特征，这点就很奇怪了。[27]

2019年，这种新发病毒突然爆发。当数百万患者因病毒感染而进入医院救治时，耳道假丝酵母菌则在静静等候。大量的病患和慌乱的卫生体系给它们的爆发创造了条件，它们也迎来了自己的时刻。[28]2020年，佛罗里达州的一家医院就在病毒爆发期间出现了真菌疫情，在该院的15例耳道假丝酵母菌病例中，有12例都是新型冠状病毒感染者。这次疫情的源头可能是一名新收治的危重症病患。当病毒疫情消退后，真菌疫情也随之消退。但形势会发生逆转，当病毒的大流行消退并进入常态化后，此时的耳道假丝酵母菌将不仅仅是一种威胁，甚至还会流行起来。

***

耳道假丝酵母菌具有三重威胁：耐药性，抗性和持续存在。除此之外，它们还有其他特点。幸运的是，我们大部分人并非束手无策。如果硬要说我们有一种对抗病原体的超能力，那非免疫系统莫属。我们每天都会接触成千上万种不同的微生物，其中就有几十种酵母菌和其他真菌。皮肤是人体的第一道防线，它构建了一道物理屏障，而我们体内的细菌、真菌和其他微生物组成的第二道防线又能保护这道物理屏障。我们的肺就像一棵纵横交错的生命树，体内和体外只隔了一层细胞，因此，肺部可能是我们体内最脆弱的器官了。黏液会对肺部进行保护，黏液下便是纤毛细胞，它们会推着黏液上移。黏液就像一个棉绒滚筒，能粘住微小的颗粒（孢子、灰尘和花粉），从而使纤毛细胞清除肺部所有的脏东西。当我们打喷嚏或咳嗽时，就会排出这些粘有碎屑的黏液。有些疾病会迫使肺部无法正常工作，如囊性纤维化，该屏障的缺失会导致那些身患此病的人更易被感染。我们的消化道里也长着分泌黏液的细胞，从而让我们免遭入侵者的侵袭。

有时这些一线系统也会失守，这时就轮到我们的细胞免疫了，巨噬细胞、T 细胞和其他免疫细胞开始发挥作用。入侵者会吸引这些细胞，然后被它们吞噬或杀死，有些细胞还会释放化学武器，这些防御手段会造成身体的不适，带来一定的副作用，例如发烧、发炎等其他间接伤害。发烧能杀死那些不耐高温的入侵者。这种非特异性反应是在为更强大、更有针对性的防御（特异性免疫反应）争取时间。T 细胞是非特异性免疫反应中的关键成员，它们能杀死已感染的细胞，招募其他细胞参与免疫反应调节。还有 B 细胞，这种免疫细胞能产生针对病原体的特异性抗体。这些免疫细胞有助于机体产生免疫记忆，即帮助机体抵御相同病原体（细菌、病毒或真菌）的第二次或第三次入侵。我们接种疫苗时就会激活免疫反应，当以后再次接触这类病原体时，就能帮助机体迅速做出反应。这种免疫系统保护脊椎动物（从青蛙到人类）存活了数亿年，虽然并不完美，但也进化出了多种策略，如果 A 方案失败，就会有 B 方案。

斯图尔特·利维茨（Stuart Levitz）说道：“如果 T 细胞没有杀死入侵者，那么中性粒细胞或巨噬细胞就会杀死它。对于某些生物来说，只有当多个防御措施都失败时，机体才会生病。”[29] 利维茨是马萨诸塞大学医学院的传染病医生和真菌学家，他的工作重心便是研究免疫细胞应对真菌的策略。利维茨特别喜欢加里·拉尔森（Gary Larson）的一本漫画，这本漫画讲述了消防员救火的故事。着火的大楼里困着一名女性，为了让她逃生，消防员拿出了一张网，但是，她落到网上后又弹了起来，穿过窗户飞进了另一栋着火的建筑物。他常常给医学生们讲这个故事，“对很多生物来说，免疫系统就是这样”，忙完这件事又被卷入那件事。因此，在这方面，耳道假丝酵母菌和其他真菌病原体没什么区别，它们很难侵入免疫系统正常的健康人群。

过去，临床上很少出现真菌感染。“如果你感染了真菌”，利维茨想起了 20 世纪 80 年代，自己刚进入医疗体系时的岁月，“就会成为会议上要讨论的病例”，因为它太罕见了。[30]“现在真菌感染已经成为一种常见病了”，原因是我们生活在一个免疫力低下的时代。免疫系统存在缺陷的人数正在不断增加，大家的免疫系统或多或少都有些问题。随着器官移植技术的不断发展，无数的年轻人和老人都能再次获得肾脏、肺、心脏等其他器官，从而过上美好的生活。美国每年大约有 4 万例器官移植手术，为了减少排异反应，每位患者都得服用免疫抑制剂，有些人甚至要终身服药。还有癌症幸存者以及那些免疫力低下的人群，这些人因患有哮喘、慢性阻塞性肺病和囊性纤维化等疾病而服用了强效类固醇药物。虽然这些都是医学界的壮举，但在某些情况下，却要以免疫力下降为代价。除此之外，还有一些上了年纪的老人。尽管我们的寿命越来越长，生活质量也越来越好，但易感染真菌的人数也越来越多。[31]

利维茨刚进入医疗行业时，恰巧赶上艾滋病的流行。艾滋病由人类免疫缺陷病毒引发，这种病毒会攻击 CD4 细胞或 T 细胞。此时，美国的艾滋病感染还没有达到高峰期，但利维茨提道，“我们在医院里见到了感染隐球菌的患者”。[32] 这是一种真菌，它们基本上不会入侵免疫系统完善的健康人群。那些在正常情况下无法侵入人体的细菌和真菌好像与艾滋病病毒达成了某项协议，由病毒打头阵，先抑制免疫系统，降低我们的免疫力，从而为这些机会主义者打开大门，让它们进入机体。利维茨还在研究那些感染了隐球菌和其他机会性真菌的患者，并探索治愈他们的方法。

40 年后，对于那些接受了治疗的患者来说，艾滋病病毒不再是死亡的代名词，但感染艾滋病的人数仍令人错愕。全球范围内，至少有 2800 万名艾滋病患者接受了抗病毒治疗。该人数约占艾滋病患者总数的 75%，因此，未接受治疗的患者大约有 970 万，除此之外，每年增长的确诊病例约为数百万。[33] 据报道，每年死于隐球菌性脑膜炎的人约有数十万。随着抗生素的滥用，免疫力低下人群数量的增多，艾滋病病毒已经成为机会性病原体感染机体的通道。当自然防御失效或无法做出应答时，抗真菌药物就成了唯一的出路。

抗真菌药物要在微观领域进行化学战，策略就是在消灭敌人的同时不伤害平民，但如果很难区分二者，那就有些困难了。相比之下，真菌与动物的亲缘关系更近，虽然酵母菌和细菌之间有着相似之处，但它们与动物更相似。真菌和人类一样，属于真核生物。最重要的是，我们的遗传物质都储存在细胞核中，这点和其他细胞（如细菌细胞）不同。我们的细胞和真菌的细胞有着相似的结构和成分，因此，我们很难在不伤害自身的前提下杀死真菌。相比之下，像青霉素这样的抗生素会更安全，因为它的靶点是细菌细胞壁上的一种成分，而我们人类没有这种成分。1959年，人们将强效的抗真菌药物两性霉素B引入市场，此时的两性霉素B成了救命的神药。它能在真菌的细胞膜上打孔，干扰真菌的正常功能。麦角甾醇参与了真菌细胞膜的构建，而这种化合物也是两性霉素等抗真菌药物的攻击靶点。人体的细胞膜里虽然没有麦角甾醇，但有胆固醇。这两种分子的基础结构相似，如果针对其中一种分子，那么另一种分子无意中也会受到攻击，从而造成致命的潜在副作用，例如肾衰竭。现在我们有了低毒配方，还有其他种类的低毒抗真菌药物。但总体来说，种类并不多。

抗真菌药物是根据药物杀灭真菌的方式，或针对细胞的作用部位及细胞机制来进行分类的。用于治疗全身性感染的抗真菌药物主要有3类：多烯类（Polyenes，包括两性霉素和制霉菌素），唑类（Azoles）和棘白菌素类（Echinocandins）。相比之下，针对细菌的抗生素就有很多，有十几种。两性霉素的作用靶点是麦角甾醇，而麦角甾醇又是真菌细胞膜的重要组成部分。唑类化合物能抑制一种酶的活性，而这种酶会参与麦角甾醇的合成。人体内也有一种类似的酶，因此，它可能也会受到某些唑类药物的影响。“1，3-β-d-葡聚糖”是真菌细胞壁的基本组成成分，棘白菌素类抗真菌药物会阻止这种化合物的合成，但这种分子不会参与人体细胞的代谢，因此会降低对人体的副作用。[34]

抗生素和抗真菌药都属于强效药。然而，随着细菌和真菌进化出耐药性，它们就逐渐失效了。当致病微生物感染人体并在人体内繁殖后，我们就有可能生病。细胞（包括人体细胞）在繁殖时，首先会进行 DNA 的复制，然后分裂成新的子细胞。无论是克隆还是有性繁殖，都会出现这种情况。当 DNA 复制出现错误时，就会发生突变，有些突变可以改正，有些突变可能无关紧要，而有些突变则会杀死细胞。当然也会出现一些有益的突变，例如酶的突变。当靶向微生物接触到这些致命化合物（包括抗生素和抗真菌药物）时，对突变前的酶来说是致命的伤害；但突变后的酶却能帮助靶向微生物解毒并存活下来。其他的突变能让微生物排出有害化合物，或者让蛋白质的结构发生微调，从而隐藏药物的结合位点。因此，微生物想要存活下来就得进化出抗药性。微生物的抗性能水平传播，即通过其他微生物获得，例如细菌就因共享抗药基因而声名狼藉。科学家们发现，在某些情况下，现今的某些耐药基因已经存在了数千年（尤其是那些天然药物，以及许多抗生素），早在抗生素筛选之前，它们就已经进化了很久。[35] 抗性基因不是微生物生存的必备选项。有些微生物和真菌，例如耳道假丝酵母菌，它们能在药物作用下和其他恶劣环境中生存下来。一种方法是微生物聚集在一起，形成生物膜，通过牺牲外层细菌或真菌来保护内部的同类。我们口腔中的牙菌斑便是一种生物膜，它们就像一层池塘里的浮藻一样。生物膜是耐药性的一个标志，因为药物和消毒剂等化合物很难穿透它们。[36]

对多种药物具有抗性被称为多重耐药性，对所有药物都具有抗性的真菌则被称为泛耐药菌。它们所造成的感染基本上无法治愈。2021 年夏天，美国疾病预防控制中心报道了两株泛耐药耳道假丝酵母菌，它们对 3 类主要的抗真菌药物都有抗性。[37] 最奇怪的一点是，酵母菌居然对我们的抗真菌药物有抗性。几十年来，其他真菌和细菌一直暴露在抗菌药物环境中，但耳道假丝酵母菌不同，它是一种新发的人类病原体，因此，没人知道为什么它们会有这么强的抗性。不过，就算病原体只对一种药物产生抗性，对我们来说也是个难题。

对氟康唑（一种普遍的抗真菌药物）有抗性的耳道假丝酵母菌超过了 90%。当人体的口腔、尿道、肠道、阴道或其他部位被别的假丝酵母菌感染时，患者有时会用氟康唑来进行治疗，“这就有可能造成耳道假丝酵母菌的定植[①]”，利维茨说。因此，在某些情况下，药物的使用无意中为它们的定植和感染铺平了道路。“微生物的世界里充满了竞争”，[38] 某些情况下，顶级竞争者可能是那些具有潜在致命感染性的微生物。

***

当耳道假丝酵母菌这样的新发病原体出现时，它们往往会离

① 人体内的条件致病菌在人体的相应部位，或者是从外界环境中进入人体并在人体的相应部位暂时寄居，并不引起临床症状，也没有体液免疫反应的改变，这种现象称为微生物定植。——译者注

开原有的栖息地，过渡到新宿主上，这样它便能进化出一些“新技能”。[39] 想象一下，如果真菌长期处在高压环境中，它们就可能进化出一层保护囊（一层涂层），这不仅能保护它们，甚至还能将其伪装成其他微生物或细胞。然后它们会进化出一些酶，当其他微生物释放抗真菌化合物时，它们便能存活下来，甚至当它们暴露在诸如农业杀虫剂等化合物中时，也能存活下来。如果它们能抵御这些化合物，那么它们便能抵御抗真菌药物中相同或类似的化合物。也许它们还能进化出适应高温的特性。现在出现的这种酵母菌原本生活在苹果树或湿地上，此时它们却在我们体内快乐地生活，不仅逃避了免疫系统的追杀，还抵御了药物的攻击。有人再把它们从一个国家带到另一个国家，它们最终在医院里找到了一个合适的宿主，这个宿主要么最近接受过器官移植，要么是免疫力低下的老人。

真菌造成的感染呈上升趋势，而这种致命的酵母菌也非个例。2018 年夏天，一群学生从墨西哥蒂华纳返回纽约，在旅途中他们感染了一种奇怪的肺炎。虽然医生采用了抗生素疗法，但疗效甚微，因此，疾病预防控制中心的专家们参与了会诊。流行病学家发现，那些去过中美和北美地区，与学生们途经区域相似的志愿者们也生病了。经过一系列的研究，他们最终确定，这些患者都感染了球孢子菌，这种病也叫溪谷热。接下来他们便对患者进行了对症治疗。[40]

这些学生在感染前健康状况良好，免疫系统正常。[41] 虽然真菌会选择免疫力低下的人群作为自己的宿主，但球孢子菌却不受限制。这种真菌喜欢温暖干燥的气候，主要出现在美国西南部的大部分地区以及墨西哥和中美洲的其他部分地区。知道患者的感染地点有助于对疾病的诊断，特别是感染性地方病（即致病菌只在某些地区出现）。有些地方很少出现真菌感染，因此，医生很难想到真菌才是“罪魁祸首”，更别提这种只出现在某些地方的真菌病了。纽约的溪谷热就是一个现成的例子。2018年，美国报道的溪谷热病例约有1.6万例，主要出现在加利福尼亚州和亚利桑那州。平均下来，每年死于这种病的美国人约有200人。科学家们认为，随着气候变化，这种真菌可能会蔓延到美国；有一种模型表明，到21世纪末，美国西部的大部分地区都会受到这种真菌的影响，一直到蒙大拿州。[42]

温哥华岛位于加拿大的不列颠哥伦比亚省，1999年，人们发现，但凡定居在温哥华岛或去过此地的人和动物都会感染一种名为隐球菌的真菌。虽然这种真菌一般生活在土壤和当地的几种树上，人们却发现，这种真菌已经引起了鼠海豚、海豚和其他海洋哺乳类动物的死亡。当真菌把孢子释放到空气里或沿海水域中时，动物就会吸入它们，从而造成肺部、大脑和肌肉的感染。这种真菌的致死率很高。1999年之前，它们只是热带或亚热带地区才关注的问题。[43]但当它们出现在太平洋的西北地区时，就非同寻常了。阿图罗·卡萨德瓦利和他的同事推测，早在20世纪初，这种真菌便通过船只到达了这片区域。当时，人们为了提高船只的稳定性，会用水来增加船体的重量，而它们就有可能潜伏在压舱水中。当船只释放这些压舱水时，它们也会随之排出船体。[44]1964年这里曾出现过一场海啸，这场海啸淹没了沿海的森林，因此，这种真菌也可能随之来到了海岸。一旦真菌在该区域定植，那么人类的开荒和伐木活动就会加速它们的扩散，空气中的孢子也会落在海面上，从而感染海洋哺乳类动物。[45]

2021 年，在新型冠状病毒爆发期间，死于毛霉菌病的印度患者高达数千例，这种病由真菌引起。之前，医院每年只处理几起真菌感染，而现在却要面对数百名患者。[46] 在新型冠状病毒爆发之前，这种真菌的致死率只有 50%，而在新型冠状病毒大流行期间，其致死率上升到了 85%。引起毛霉菌病的致病菌的确会感染人类，而且它们特别偏爱糖尿病患者或免疫力低下的人群，但在其他情况下，其感染率远低于新型冠状病毒爆发期。它们会感染人的眼睛、鼻子、皮肤、骨骼、肺和其他部位，患者很快就会死亡。医生在治疗时会结合抗真菌药物和手术疗法，切除受损组织，但患者也会因此毁容。[47] 毛霉菌和耳道假丝酵母菌一样，新型冠状病毒的爆发为它们提供了大量的易感人群。[48] 毛霉菌也会出现在土壤、堆肥、动物粪便和其他环境中，它们无处不在。虽然大多数病例都发生在印度，但全球范围内都出现了毛霉菌病例。不过，尽管每次由真菌引起的死亡和毁容都是一场悲剧，但人类从未经历过真正意义上的真菌大流行。这点和其他物种不同。

第2章 | 灭绝

凯伦·利普斯（Karen Lips）是研究哥斯达黎加、巴拿马和整个美洲两栖类动物的专家，其中最著名的便是她针对青蛙开展的研究。她无意间曾记录了青蛙种群的衰落过程。20 世纪 80 年代末，她怀揣着去远方游历的心态进行自己的博士研究，可以在澳大利亚观察蜥蜴，或者在中美洲研究青蛙。杰伊·萨维奇（Jay Savage）是爬行动物学界赫赫有名的专家，也是利普斯的博士研究生导师。萨维奇当时正在撰写一本名为《哥斯达黎加的两栖类动物和爬行动物》（*The Amphibians and Reptiles of Costa Rica*）的书，这本书后来成了当地动物生态学和进化领域的权威书籍。利普斯来到了哥斯达黎加，这是她在这里度过的第一个夏天。无意间，她在一个偏僻的地方发现了一只拇指大小的青蛙。“它呈荧光绿色，表面多刺，简直不可思议”，她回忆道，“这只青蛙与树上的苔藓融为一体”。但在山下，同种青蛙却呈棕色，表面光滑。除此之外，高地青蛙和低地青蛙的叫声也不同。这种青蛙的学名是“*Hyla lancasteri*”，后来，利普斯将这种高地青蛙命名为“*Isthmohyla calpysa*”，她深知这种奇特的青蛙能给她的博士研究带来多么重要的意义。[1]

随后，她再次返回了哥斯达黎加，来到塔拉曼卡高地崎岖不平的田野里，住进当地人的小屋中。这户人家已经清理出了位于下游河谷的牧场，但在海拔较高的区域和农场周围，依旧生长着古老的森林，它们没有受到人类的干扰，里面还栖息着很多生物。从小屋步行到这里需要 45 分钟，而山下到最近的城镇（有公交车的城镇）开车只需 1 小时。他们开的都是四驱车，轮胎上绑着链条。虽然这里条件艰苦，没有自来水，也没有电，更没有电话，但这片长满苔藓、郁郁葱葱、阴暗潮湿的森林却是爬行类动物学家的天堂。1991 年春天，身为博士研究生的利普斯开始了自己的野外研究工作，并在这里待了 2 年。她每天都穿梭在溪流中，要么在覆盖着苔藓的岩石上找蝌蚪，要么在植物的叶片上寻找卵块。夜幕降临后，她会搜寻夜行性青蛙和其他动物的踪迹。1992 年 12 月，利普斯在家过完圣诞节，在新年之际返回这里，她发现，青蛙的数量变少了。第二年，青蛙几乎都消失了。除此之外，一切照旧。这里是阿米斯泰德生物圈保护区（Amistad Biosphere Reserve），没有砍伐树木，也没有修建道路，唯一的不同之处便是青蛙。好不容易见到的几只青蛙，也都半死不活。利普斯说这里很少能见到濒临死亡的青蛙和已经死去的青蛙，因为蛇和鸟类不会放过这些现成的食物。利普斯将找到的 7 只患病青蛙和几只健康的青蛙送给了病理学家，经过对比后他们发现，青蛙的皮肤上有一些奇怪的东西，但他们并不知道那是什么，也无法确定青蛙的死因。虽然没有任何明显的痕迹，但利普斯还是想知道这片区域的青蛙数量为什么会下降，是"研究人员的干扰"，化学物质的毒害，降雨模式的改变，抑或是一些细菌或病毒引发的传染病？猜想有很多，但都没什么头绪。之后，利普斯顺利完成了毕业论文的答辩，但也失去了研究哥斯达黎加青蛙的机会。于是，她搬到了巴拿马西部的一个新研究基地。[2]

20 世纪 80 年代末，科学家们发现，美国、澳大利亚、哥斯达黎加和墨西哥的青蛙种群正在消失，并开始为这一现象感到担忧。[3] 曾经的森林和热带村庄里四处都是蛙鸣声，而现在却变得悄然无声。为了解释这种现象，科学界提出了各种理论：气候的变化、栖息地的丧失、干旱、过量紫外线、杀虫剂和病毒。围绕着青蛙大规模的死亡和突发状况，各方争论不休。它们真的“死了”吗？还是自然种群的正常波动？抑或是生态作用？[4] 早在利普斯来到这片森林进行实地工作前，哥斯达黎加更北部的蒙特维德（Monteverde）保护区里曾栖息着大量的金蟾蜍，后来，它们的数量急剧下降。有位目击者说，早在十几年前，随处都能看到成百上千只蟾蜍，其具体数量的多少和当年的气候相关。针对青蛙种群数量的下降，人们并未给出合理的解释，但无论发生什么，这种情况都非常态。[5]

最开始，青蛙以蝌蚪的形态生活在水中。此时的青蛙就像鱼一样，用鳃呼吸。蝌蚪的鳃部富含血管，当水经过这些血管网时，它们就会摄取里面的氧气。青蛙和其他两栖动物一样，最终会发育出肺，从而适应陆地生活。在生长过程中，很多青蛙都不会远离水，而且，几乎所有的青蛙都会在繁殖的时候返回池塘。有些青蛙生活在水里，而有些青蛙则相反，例如很多彩色的箭毒蛙。草莓箭毒蛙会在森林的落叶上繁殖，然后把刚孵出的小蝌蚪背在背上寻找积水凤梨，这种植物的叶片能形成蓄水池，箭毒蛙妈妈会把小蝌蚪放进去。[6] 每个蓄水池里只放一只蝌蚪，而小蝌蚪的食物则是妈妈产下的未受精的卵。胃育蛙也会在陆地上繁殖。为了给小蝌蚪提供一个适宜的水环境，胃育蛙妈妈会吞下受精卵，让它们在自己的胃里发育。该物种于1983年灭绝，虽然没人知道其灭绝的具体原因，但应该逃不出栖息地的破坏、环境污染和疾病这几类情况。[7]

爬行动物和包括青蛙在内的两栖动物都属于变温动物，它们几乎没法控制自己的体温。它们的体温会随着环境温度的变化而变化，天气凉，它们的体温就低，天气热，它们的体温就高。阿拉斯加生活着一种林蛙，每年约有七八个月的时间都处于冰冻状态。它们的身体会慢慢变硬，肝脏也会向外分泌糖，起到防冻剂的作用。最终，在它的肠道、心脏、大脑和其他器官周围会形成冰晶。[8] 当气温回升时，原本冻成一团的林蛙又复活了。大家可能听过温水煮青蛙的故事，青蛙没有注意到罐子里水温的变化，当它觉察到时已经晚了。但事实并非如此，如果有机会的话，它们还是会从罐子里跳出来的。

青蛙不仅颜色各异，而且大小不同。有些青蛙只有指甲盖大，而有些则能捕捉飞鸟和老鼠。它们靠皮肤吸收水分，靠黏糊糊的舌头捕捉猎物，几乎每个青蛙都长着牙齿。大部分青蛙都是肉食性动物，食物种类多样：幼虫、会飞的昆虫、蜗牛，以及其他任何能用舌头抓住并塞进嘴里的活物。无舌蛙会用前腿来抓取食物。很多生物都以青蛙为食，比如鸟类、小型哺乳动物和蛇。有些青蛙为了保护自己，会通过皮肤分泌有毒的化学物质，例如毒箭蛙会分泌含有剧毒的苦生物碱，艳丽的肤色也在警告潜在的捕食者。很多科学家认为，青蛙虽然无法制造毒液，但会通过日常饮食来获取毒液。生物碱是一种复杂的、具有生物活性的化学物质，在探索癌症和其他疾病的新疗法时，研究人员会把它们当作潜在的“替补队员”。有些生物碱甚至具有致幻性。

青蛙的皮肤不仅能反映出它们的颜色和肌理，还会参与呼吸过程，因为氧气能渗透进青蛙的皮肤里。青蛙总是湿漉漉、黏糊糊的，那是因为它们的皮肤上布满了黏液腺。除此之外，青蛙的皮肤上还有复杂的微生物群落，这点和我们一样，皮肤是抵御疾病的第一道防线。青蛙和其他脊椎动物一样，免疫系统相对比较高级，能分化出免疫细胞，如T细胞、巨噬细胞和合成抗体的细胞。[9]除此之外，青蛙的皮肤还兼具调节电解质，如盐、糖、钾和其他分子的功能。由于青蛙的皮肤有多种功能，因此，它们很依赖皮肤系统，这也使得其易患皮肤病。

***

动物（包括人类在内）和真菌有着共同的祖先：一种长着鞭毛（能活动的尾巴）的单细胞，它们能在水环境中向前移动，这点很像精子。大约10亿年前，二者分开了，经过不断的进化和分化，最终形成了大家所熟知的生命树。曾经的水生动物、植物和真菌都迁移到了陆地。植物开始向地底扎根，动物进化出了爬行、游泳和飞行的技能，真菌则与植物、动物和细菌混合在了一起。大多数真菌都丧失了运动机能，开始依靠气流和动物携带孢子。壶菌门（Chytridiomycota）里有一类真菌，它们很早就从真菌中分离了出来，但保留了它们的“尾巴”。壶菌孢子能运动，它们和大部分真菌一样，属于腐生生物，以尸体为食，能将外部营养物质吸收到体内，并将余下的食物消耗殆尽。有些壶菌还会寄生在活人体内。当壶菌定居在食物上时，假根（一种长长的根状结构）就会钻入宿主的组织里。真菌会在进食时分泌酶，这些酶能将植物、动物和微生物分解成食物，壶菌也不例外。成熟的壶菌看起来就像一张邪恶的笑脸，此时的壶菌已经长出了很多根。随着时间的推移，它们体内会逐渐形成一个游动孢子囊，这是一种圆形结构，里面装满了长着鞭毛的游动孢子。[10] 这些孢子一旦被释放出来，就会寻找新宿主。游动孢子能自由运动，具有一定的能动性。壶菌的宿主并不相同，有些是藻类，有些则是真菌或其他生物。它们以角蛋白和甲壳素为生，经研究证实，两栖类动物的皮肤上含有丰富的角蛋白。[11]

当利普斯的研究地点转移到巴拿马后，她满怀希望。这是一个几百英里外的新基地、新项目，她将在森林里研究青蛙、蛇、蝾螈和蜥蜴种群。“我们会先弄清这里有什么，再提出很酷的问题。”[12] 这里足以让她研究几十年。但在 1996 年 12 月，有些情况发生了明显的变化。之前我们常常会在地上看到青蛙，而现在它们却躲在溪流上方的树叶里。“我们刚抓住一只青蛙，转眼间它就死了”，她回忆道。有时她甚至想，这里是否是青蛙的神秘死亡地，“你仿佛身处谜团，却什么都不知道”。

1996—1998 年，一种未知的皮肤病造成了华盛顿特区国家动物园里青蛙的大量死亡，例如钴蓝箭毒蛙、一些绿色和黑色的树蛙，以及白氏树蛙。科学家们怀疑这种病是由壶菌引起的，但无法确定是那种壶菌，所以他们把样本寄给了乔伊斯（Joyce Longcore），他是缅因大学的真菌学家，擅长鉴定奇异真菌。朗科尔发现，这是一种尚未被鉴定过的壶菌。1 年后，也就是 1999 年，她和动物园里的科学家们发表了一篇论文，描述了这种蛙壶菌，它们就是那种能引起蛙类致病的壶菌，也是一种已知的、最早寄生于活体脊椎动物的壶菌。[13]凯伦·利普斯并未继续研究这种发生在青蛙身上的怪事，而是记录了蛙壶菌的崛起——一种杀死青蛙的壶菌。

当蛙壶菌附着在青蛙的皮肤上萌发时，会长出假根。有迹象表明，入侵的真菌能抑制青蛙的免疫反应。[14]它们侵入后会以角蛋白和其他营养物质为食，自我复制，直到游动孢子囊里装满游动孢子。一只被感染的青蛙体内可能含有成百上千个这样的孢子囊。当游动孢子囊里满是游动孢子时，它们就会长出来，穿透青蛙的皮肤。数百万的游动孢子进入环境中，接下来，它们将会寻找新宿主。青蛙的皮肤也因此变得千疮百孔，它们挣扎在缺氧和电解质失衡的漩涡里，最终死于类似心脏病的疾病。[15]

此时，距凯伦·利普斯前往哥斯达黎加云雾森林研究青蛙已经过去了30多年。2019年，利普斯和数十名科学家一起撰写了蛙壶菌造成的损失，“这是有记录以来，病原体所引起的最大的生物多样性的损失”。[16]早在蛙壶菌出现之前，还没有什么病能带来这么严重的损失。现在，这种病出现了。

***

非洲爪蛙的外形并不漂亮，甚至可以说很普通。它们长着宽阔扁平的脑袋，泥棕色的身体上布满了疣，再搭配上细长的爪子。但它们和大部分青蛙不同，非洲爪蛙没有舌头，能在水箱中度过一生。这种生活在撒哈拉以南的青蛙是世界上交易量最大的两栖类动物之一。1928 年，英国内分泌学家兰斯洛特·霍格本（Lancelot Hogben）在南非开普敦登陆，他很快就开启了自己的青蛙之旅。霍格本正在研究脑垂体激素对青蛙皮肤的影响。爪蛙会根据环境来改变自身的颜色，能近乎黑色也能近乎白色。当霍格本摘掉青蛙的脑垂体后（一种位于青蛙大脑下的小腺体），它们的体色就变成了白色，并无法根据环境变色。为了证实这个腺体的作用，霍格本还给这只雌性青蛙注射了公牛的垂体激素（原来激素的替代品），这次它产卵了。[17]

1931 年，霍格本和他的同事发表了有关非洲爪蛙脑垂体和卵巢功能的文章。随后，科学家们发现，人类的促性腺激素也有同样的功能：促进青蛙排卵。这种激素会在孕妇的血液中循环，并随尿液排出体外。此后不久，人们就开始用青蛙来验孕。这种方法便是“霍格本验孕法”。[18]

用青蛙来验孕相当于一场革命。彼时的人们正在用兔子来验孕，也就是“兔子验孕法”。这个方法很麻烦，实验人员要先在注射器里装满尿液，再将它注射到兔子体内，几天后再杀死兔子，解剖观察。如果兔子排卵，就意味着受检者怀孕了。人们通常所说的“兔子死了”并不代表怀孕，因为用于验孕的兔子都会被处死。而青蛙验孕法则只需医生将受检者的尿液注射到青蛙体内，青蛙就会在水箱里排卵（或不排卵），一天之内就能揭晓答案。这替代了兔子验孕法，同时也宣告，人类处死并解剖兔子来验孕的时代结束。由于青蛙生活在水箱里，因此易于运输和饲养。从 20 世纪 30 年代起到 60 年代末，成千上万的非洲爪蛙被运往世界各地，用于女性验孕。直到 1970 年，爪蛙无论是作为宠物还是实验动物，都是世界上分布最广的两栖动物之一。[19]

很多用于验孕的青蛙都来自南非开普敦斯泰伦博斯附近的红客沙谷，这里有一座内陆孵化场。这座孵化场最初无法成功地孵育出青蛙，因此人们需要从野外收集青蛙，每只的费用大概是 65 美分。[20] 直到 1969 年，孵化场运送出的青蛙高达 40 多万只，其中有一半是国际货运。此时，非洲爪蛙开始出现在怀特岛、亚利桑那州、佛罗里达州、加利福尼亚州以及其他欧美国家和日本的湖泊、池塘里，智利和葡萄牙也发现了这种物种。再加上私人供货商运来的爪蛙，每个洲的水箱里都出现了爪蛙。有些爪蛙会逃跑，有些爪蛙则是人类的宠物或实验动物，当它们没用了，就会被“人道地”放生到当地的池塘里。

蛙壶菌的传播大多发生在人们知道它们之前。如果无法回到过去，就很难重现它们的传播途径，以及分析这一传播过程危害到了哪些种群。不过可以肯定的是，它们是随着青蛙贸易扩散开来的。但究竟是哪个物种携带了蛙壶菌，它们又被带到了哪里，这仍然是个谜。

万斯・弗里登伯格（Vance Vredenberg）是旧金山州立大学的疾病生态学家，他利用保存完好的博物馆样本，在时间和空间上追踪疾病。几个世纪以来，收藏家们痴迷于大自然的多样性，他们在森林、溪流和山脉中寻找青蛙、蛇、蝙蝠和其他动物。如果没法带回活物，他们就会取出动物的内脏晾干，或者把它们塞进装有福尔马林的罐子里，后者将被永久地封存在里面。这些“腌制过”的样本能保存数百年。但最开始的福尔马林会破坏 DNA，早期的收集者们并不知道 DNA（在一定的程度上，直到 20 世纪中叶，遗传物质的组成还是个谜），也不会想到未来的科学家会通过分析他们收集到的样本，来解锁真菌大流行的奥秘。

2004—2008 年，弗里登伯格研究了美洲杉和国王峡谷国家公园中几十个池塘里的黄腿山蛙。在 4 年的时间里，他目睹了成千上万只青蛙死在这片土地上。[21] 这场灾难改变了弗里登伯格的科学观和自然观，“我们大错特错。虽然我们的疾病生态学研究已有上百年的历史，但我们对单一病原体的破坏性仍存在错误的判断”。[22] 现在，他的办公室里摆着数百只装着死青蛙的罐子，从而借此提醒自己，世事瞬息万变。

弗里登伯格想知道，非洲爪蛙的全球运输和壶菌的大流行之间是否存在联系。非洲爪蛙虽然携带着蛙壶菌，但不会生病。这让它们成了无症状携带者还是潜在的超级传播者？为了验证他的假设，弗里登伯格将目光转向了 DNA。他抽取了青蛙的 DNA，并对其进行扩增，然后再找出一种特定的真菌序列。在大多数情况下，如果有这种基因，就会有壶菌。这种方法是由澳大利亚的一个实验室研发的，只需要一个 DNA 片段，就能研究那些前辈收集来的青蛙样本。他所寻找的基因标记相对较小，数量却很多。他说，这种测试的缺点是结果相对宽泛，虽然能判断出是否存在这种真菌，但无法区分同一真菌的不同谱系，这需要更为深入细致的基因测序。

2012 年，弗里登伯格又从几个古老的博物馆标本中找到了一些青蛙样本，这些样本来自肯尼亚和乌干达，大概是在 20 世纪 30 年代（或在此之前）收集来的。其中有 3 个非洲样本的体内含有壶菌。[23] 无论是时间上还是传播途径上，爪蛙都没有表现出对真菌的敏感性，这就是疑点所在。有一种观点认为，随着时间的推移，病原体的致病性会降低。发病快、致死率高的病原体往往会和宿主一起消失。通常情况下，宿主携带某种疾病的时间越长，其产生抗性的概率也就越大。通过这些数据，弗里登伯格发现，利用非洲爪蛙进行传播是真菌扩散的一种方式。他说，蛙壶菌全球扩散的问题十分复杂，其中可能涉及多种途径，多种真菌，“但该病原体的源头貌似在亚洲”。[24]

以西蒙·奥汉伦（Simon O'Hanlon）和他的博士后导师马修·费舍尔（Matthew Fisher）为首的团队研究了壶菌的起源，其团队成员包括利普斯和几十名科学家。[25] 费舍尔是伦敦帝国理工学院的教授，主要研究跨物种新兴致病真菌。此前，全球有好几个公认的蛙壶菌源头，例如北美、日本、南美和东亚。这项研究还能解决另一个问题：席卷全球的真菌谱系的年代问题。这是一个高毒力谱系，被标记为 Bd-GPL，即全球动物共患病谱系（GPL，Global Panzootic Lineage）。有一项研究认为，这种谱系大约是在 1 个世纪前出现的；[26] 另一项研究则认为，它们是在 2 万多年前出现的。随着时间的推移，真菌（或其他生物）的种群会出现时间、空间上的分离，一旦它们在这种情况下进行繁殖，就会产生一些小的随机性的基因变异。当这些变异积累到一定的程度，达到量变时，这个种群就成为不同的谱系了。有时，疾病溯源者能通过这些变化发现谱系的年代或它们的传播途径。美国有些州深受壶菌的危害，奥汉伦和他的同事们就对这些地方的数百个壶菌样本进行了基因组测序。研究结果表明，在 50~120 年前，这些壶菌的共同祖先就出现在朝鲜半岛的某个地区。

在某片区域，有好几种青蛙都携带着这种真菌，但它们没有生病，这是确定真菌起源的另一条线索。值得注意的是，这里的青蛙虽然携带着蛙壶菌，但没有症状，因此可以推断出，在朝鲜半岛及其周边地区所收集和买卖的动物有可能就是真菌携带者。这种真菌以此为发源地，然后扩散到全球各地，并进化出几个不同的遗传谱系。[27] 奥汉伦和同事们的结论发人深思："最终，通过我们的实验可以证明，两栖动物中出现的新发真菌兽疫是由古老的模式引起的……随着全球贸易的逐渐开放，病原体也扩散到了新地区，它们感染了宿主并造成了疾病的爆发。现在，人们正在重新定义这种模式。"

无论何时何地，全球总有数百万只动物处在运输途中，人们将它们关在笼子里、板箱里和水箱里。仅美国，每年抵达港口的动物就高达 2 亿只，算下来每天约有 60 万只动物。除此之外，还有 3 吨多的动物，因为有些是按重量来计算的。[28]2000 多种生物悄无声息地登上了我们的海岸，这些生物来源复杂，种类繁多，有些流向了市场和餐馆，有些则被送往实验室。约有一半的进口活物流向了宠物店，最终进入客厅的鱼缸或地下室的玻璃容器中。[29] 在 10 年的时间里，欧盟仅爬行动物的进口量就超过了 2000 万只。[30] 有些科学家认为，这种合法的动物贸易催生了"世界上最大、最复杂的商业贸易"之一，[31] 而有些科学家则认为它们是巨型的疾病传送带。

数百万动物该如何运输呢？大型集装箱船是主要的交通工具，最大的集装箱船能装载 2 万多个集装箱。再加上空中运输，全球时时刻刻都发生着数量惊人的动物转运（既有合法的，也有非法的)。爬虫学家乔纳森·科尔比(Jonathan Kolby)是新泽西州纽瓦克市鱼类和野生动物管理局的检查员，他在这个岗位上已经待了6年。全国最繁忙的港口有数十个，而该港口排名第三。装在箱子和笼子里的野生动物(包括青蛙和其他两栖动物)在流向宠物店和其他地方之前，都会在这里稍做停留。科尔比现在还是一名保护生物学家和野生动物贸易顾问，他曾在2020年的《国家地理》(*National Geographic*)中讲述过这段检查员的经历。他说，抵达美国的动物有数百万只，任何新发或潜在的病原体都能轻轻松松地溜进来。[32]

如果这些青蛙、鸟、鱼和蛇从未离开过家或宠物店，那么它们带来的影响可能会很小。但是，这么大的运输量，总会出现动物逃逸或人为放生的情况。缅甸蟒在大沼泽地里潜行着，它们以惊人的速度吞食着当地的动物。那这些蟒蛇是从哪里来的呢?宠物主人放生的。当主人不想继续喂养或它们长得太大时，就会把它们放生到野外。[33]狮子鱼多刺、有毒、好斗、产卵量高，有些被放生到了佛罗里达州的温暖水域，而它们很可能来自水族箱。在这里，狮子鱼没有天敌，从而造成了种群数量的激增。它们是贪婪的捕食者，当地的数十种动物都是它们的盘中餐。有位生物学家说道，她从未见过哪种鱼“能在这么广阔的区域内迅速定居”。[34]原产于非洲和亚洲地区的蛇头鱼正在入侵美国的水路和池塘。大家认为，这是人为放生的后果。有些人以“让动物获得自由”为目的放生它们，这是一种信仰，人们将圈养的动物放生到野外，他们认为这是一种心怀大爱的行为，但结果可能与目的不一致。[35]

马特·阿梅斯（Matt Armes）是一个外来爬行动物迷。他从小生活在英国诺福克郡，在自己的卧室里饲养蜥蜴，通过观看史蒂夫·欧文和大卫·阿滕伯勒的电视节目，他掌握了很多自然知识。[36] 在他十几岁的时候，阿梅斯曾在一家外来宠物店工作，贩卖过两栖动物、爬行动物、鱼类和无脊椎动物，他觉得这很刺激。在宠物店，阿梅斯能饲养数百种动物，而在家只能养几种。壁虎、蜥蜴和蛇的爱好者会买走这些动物。由于阿梅斯从事动物贸易，因此，他的世界里到处都是爬行动物。他说人们喜欢电蓝守宫，雌性是绿松石色，雄性则是电蓝色。它们原产于坦桑尼亚，而且栖息地很小，是一种极度濒危的物种，因此买卖电蓝守宫属于违法行为。[37]

现在，阿梅斯是一名生态学家，每天都在捕捉和监测英国的爬行动物和两栖动物。他不再去宠物店工作了，打算攻读研究生，也许他还会参与电蓝守宫的拯救工作。根据阿梅斯以往的工作经验，他担心外来动物可能引入一些新发疾病，从而感染本地动物。阿梅斯说，大部分外来动物迷都很爱自己的宠物，没想过要伤害它们。但商人、动物业余爱好者和其他与动物有接触的人可能在无病动物的饲养、繁殖和交易方面存在知识上的欠缺。他说，这也并非他们的错。很多人对此都一无所知，而且在全球范围内，大部分交易中的动物都未经疾病检疫或检测。因此，动物贸易也就成了真菌病原体的大混战。

流行病学家马修·费舍尔说道：“每个州都有自己的环境，生存在当地的每种生物都有可能携带着一些未知微生物。一旦将它们迁出原有的栖息地，这些生物就有可能成为一种潜在的威胁。”[38]我们所引进的每个生物都携带着病毒、细菌和真菌。一旦条件合适，某种生物所携带的病原体就有可能失控，在其他物种中爆发。一代人甚至是两代人之前，彼时还未出现非洲爪蛙和其他物种的全球运输，疾病也绝不会以现在的速度传播。

针对濒危物种和有入侵风险的物种，国家和国际制定了专门的法律法规。但这些规定只适用于少部分动物，大部分流向纽约或洛杉矶港口的动物都没有经过检疫，例如那些运往宠物店的青蛙、鱼和其他动物。这些都属于合法的动物买卖，除此之外，还有大量的非法动物交易。此时，阿梅斯提到了绿树蟒，这是一种原产于印度尼西亚的蛇，体色艳丽。关于它的捕获和销售是有一定限制的，只有农场饲养的蛇才能从原产国合法出口。但就交易量来看，蛇的出口量远比饲养量高——这意味着大部分交易的蛇都是野生的，却打着养殖的名义。[39]就其实际情况而言，动物的非法交易规模难以量化，但最近的研究表明，人们严重低估了全球动植物的非法交易量和这种行为所带来的后果。[40]

全球动物贸易创造了部分科学家口中的“野生动物传染病的功能性盘古大陆”。[41]这也正是阿梅斯、弗里登伯格、利普斯等科学家所担心的问题，他们的工作便是保护野生动物免受全球传染性疾病的侵害。

***

非洲爪蛙可能并不是超级传播者，因为其他物种也能传播这种真菌。弗里登伯格认为，美洲牛蛙在疾病传播方面也起到了一定的作用。[42] 牛蛙的腿非常鲜美，它们原产于落基山脉的东部沼泽和池塘，后来被运往世界各地饲养，于是造成了成千上万只养殖蛙的入侵。因此，2005 年，美洲牛蛙和虹鳟鱼被世界自然保护联盟提名为世界上 100 种最严重的入侵物种。2018 年，弗里登伯格的实验室发现，落基山脉以西的美洲牛蛙入侵与美国西部蛙壶菌的爆发之间存在正相关——也正是在这里，黄腿山蛙和其他物种出现了真菌大流行。[43]

许多蝾螈和青蛙一样，都是壶菌的易感对象。蝾螈也属于两栖动物，很多蝾螈都会在池塘和溪流中孵化，成年后在陆地上度过大部分的时间。它们以蠕虫、蛆和蚊子等昆虫的幼虫为食。蝾螈体色艳丽，胆小，行动迟缓，这让我们联想起了史前爬行动物——只不过它们不是爬行动物。蝾螈壶菌能杀死蝾螈，它们很可能来自亚洲（有些蝾螈还是蛙壶菌的易感对象）。[44] 当人们在欧洲发现这种疾病后，没几年，它们就蔓延到了荷兰、德国、西班牙和比利时，造成了大量黄斑火蝾螈的死亡。北美是世界上蝾螈生物多样性的热点地区，人类已知的蝾螈有 700 多种，有近半数的蝾螈都生活在这里。其中，生活在阿巴拉契亚南部地区的池塘和溪流中的蝾螈约有 77 种，因此，这片区域很容易受到真菌感染。[45] 研究人员担心，一旦蝾螈壶菌在此蔓延，将带来无法估量的损失。由于我们对疾病管控的松懈，以及对外来物种的需求，很多人都在担心（包括利普斯和弗雷登伯格在内），真菌感染在美国蝾螈种群内爆发只是一个时间问题，而非是否会爆发。

地球上的青蛙正在消失，然而，很多人并没有注意到这一点。春天来临，池塘和沼泽渐渐暖和起来，大家可能会在夜间听到蛙鸣声，也可能会听到林蛙的低语——但我们很难捉到它们。一旦春天过去，它们完成了交配，人们就会忘记青蛙的存在。

但是，在长期形成的动态群落中，野生青蛙是不可分割的一部分。青蛙既是猎物也是捕食者，它们的灭绝会撕裂食物网，裂痕再不断地向外延伸，继而影响到其他物种。2020年2月，一张蛇吃青蛙的图片登上了《科学》（*Science*）杂志的封面，与之相关的文章则是利普斯和她的助手们十多年的研究成果。研究小组在巴拿马附近的巴岛国家公园（Parque Nacional）设立了长期的监测点，专门记录蛙壶菌造成的影响。“我们认为蛇会受到影响”，利普斯告诉我，“因为大部分热带蛇都以两栖动物为食”。因此，多年来，他们在寻找青蛙、蝾螈、蜥蜴和蛇的时候，翻遍了每一棵植物、树枝和岩石——每天两次。结果表明，利普斯的推测是正确的，青蛙的减少的确影响了蛇。有些物种无法改变自己的食谱，依旧依赖于青蛙或蛙卵，因此，它们的数量也随之下降了。有些蛇似乎已经完全消失了（不过，利普斯也说，一些蛇本身就很难找，即使在最好的生存条件下也不一定能找到）。[46]这是对高级掠食者的“上游”影响。

青蛙是种常见的猎物，但同时，它们也是一种捕食者——因此，当青蛙消失后，那些曾经的猎物（昆虫、蜗牛及其他生物）会发生什么变化呢？2020年，利普斯参与了另一项研究，这项研究将哥斯达黎加和巴拿马青蛙数量的减少与疟疾（该病由蚊子传播）发病率的升高联系在了一起。科学家们认为：“之前我们并未察觉到生物多样性的消失所带来的影响，但这也充分诠释了其给人类带来的隐形危害。”[47]在干旱缺水的地方，湖泊便是生命的绿洲。青蛙捕食湖中的生物，陆生食肉动物再捕食青蛙。这样，湖中生物的能量就流向了陆地。当青蛙灭绝后，陆生动物的食物就减少了。

生态系统的建立需要耗费千百万年的时间，任何动物的大规模死亡都会对这些关系造成一定的影响。虽然真菌会对野生动物带来灾难性的影响，但很多人都无法想象具体的严重程度，当然，还有很多人选择忽略它。但是，当立于街道两侧的高大古树，或郁郁葱葱的繁茂森林遭到了真菌的感染，并勾勒出一副世界末日的萧条景象时，那么，我们将会看到。

第3章 | 灾难

胶锈菌瘿子实体的颜色非常艳丽，假如你看到它生长在雪松枝头，那么，“橙色海洋生物”是你脑海中浮现出的第一个念头，你不会想到它是真菌。虽然奇怪的真菌有很多，但锈菌尤为怪异。它们形似变速器，有些锈菌甚至能释放出 5 种不同的孢子，这些孢子来自 5 种不同的子实体。根据孢子的种类不同，它们的传播方式也有所区别。有些孢子依靠风来传播，有风的情况下能传播数英里，没风就只能短途传播。有些孢子在传播时会依赖昆虫的足和鸟的爪子。当孢子落在适宜的叶片上时，就会萌芽、发育，形成子实体，接下来，子实体会释放更多的孢子，从而感染更多的植物。最特别的是，很多锈菌会寄生在两个完全没有亲缘关系的宿主上，这样才能完成一个完整的生命周期。正如一位植物病理学家所言，锈菌就像一头复杂的野兽，它们在一个宿主上寄生得很好，但如果它们有机会寄生在另一个宿主上，那么它们就会迅速繁殖。[1]

胶锈菌瘿是一种北美真菌，它们往往会寄生在雪松和苹果树上（它们也会寄生在东部的红雪松上，红雪松其实是一种杜松）；虽然它们也会感染其他果树，但最常受到影响的还是苹果树。如果你家附近恰巧有这两种树，那么，随着季节的更替，你可能会发现红雪松的叶尖上挂着棕色的、坑坑洼洼的菌瘿，就像难看的饰品。至少你能看到胶状的橙色卷须，它们是锈菌子实体的一种形态。每当春天来临，这些卷须就会从菌瘿中长出来，因此，人们很难忽略它们。这些子实体所释放的孢子会随着微风传播，但要想完成它们的生命周期，孢子就必须落在果实或叶片（或相关物种）上。一旦错过，雪松和苹果的感染周期就会终止。果树在感染了锈菌后，果实会发育不良、畸形，叶片会枯黄凋落；当感染严重或发生持续性感染时，树木就有可能不再生长。尽管苹果树和红雪松往往都会活下来，但其他锈菌可不像胶锈菌瘿这么仁慈。

松疱锈菌会寄生在一些白色或“软质”的松木上。这种锈菌和其他锈菌一样，需要寄生在不同的植物上才能完成自己的生命周期。这次它们选中的是红醋栗和醋栗，这两种树都属于茶藨子属灌木。虽然北美洲本土也有茶藨子属植物，但问题最大的还是黑加仑，它们原产于欧洲和亚洲，后来马萨诸塞湾附近的殖民者穿过大西洋来到了这里，它们也随之而来。虽然这种真菌对醋栗的危害不大，却能杀死松树。许多软松都是珍贵的树木和木材，一百多年来，护林人一直在竭力保护森林，因此取得了一定的成效。白皮松是北美最具标志性的野生松树之一，现在，森林研究人员和管理人员担心，松疱锈菌病会使白皮松濒临灭绝。

白皮松既是基础物种也是关键物种，它们不但确保了动植物的多样性，还有利于生态系统的稳定。白皮松生活在高海拔的陡峭岩石上，大部分树木都无法在此生存。它们的根深深地扎在悬崖峭壁的土壤和裂缝里，这里环境恶劣，不仅海拔高风力强，还常年覆盖冰雪。远远地向树线处（天然森林垂直分布的上限）看，它们有的以独树的姿态紧贴在裸露的岩石表面，有的会形成树岛——孤立的矮针叶树丛，它们能在恶劣的环境中为动植物群落提供食物和住所。白皮松生长的地方不同，其下层植被也不同，有山蒿属植物、欧洲越橘、黑果木、熊草、莎草和石南。[2] 白皮松生活在西部亚高山温带森林，有时会和狐尾松、云杉、冷杉、铁杉、高山落叶松和花旗松生长在同一片区域。与其他松树相比，白皮松球果的种子更大，脂肪含量更高。红松鼠会摘下球果，将它们储存起来过冬。灰熊和黑熊也会偷走一些球果，它们喜欢高热量的松子。有一种鸟叫作北美星鸦，在白皮松种子的众多消费者中，它们尤为重要。鸟儿和松鼠一样，也会藏种子，它们会把种子埋起来。但埋下的种子数量远超过吃进去的种子数量，因此，当条件合适时，有些种子就会发芽。[3] 白皮松就是通过这种方法来繁殖的。其实，不仅是鸟儿离不开树木，树木同样也离不开鸟儿。

假如你看了美国西部的白皮松分布图就会发现，地图上白皮松的脉络有两条，一条是从不列颠哥伦比亚省的沿海地区向南延伸，穿越喀斯喀特山脉到达内华达山脉；另一条从阿尔伯塔省和不列颠哥伦比亚省延伸到蒙大拿州和怀俄明州的落基山脉。这些树是西部大荒原的主要成员，生长在高海拔的国家公园，包括约塞米蒂、火山口湖和黄石公园。[4] 假如你有幸在此徒步，就能看到它们。

白皮松代表了人类未碰触过的森林，是一种自然精神。它们是守门人，隔开了文明社会与野生环境。[5] 野外的古树存活了几个世纪，它们在恶劣的天气、肆虐的病虫害中顽强地活了下来。科学家们现在担心，松疱锈菌病是个大问题。[6]

***

白皮松的衰败始于它的表亲北美乔松，也被称为北美白松，这是一种高大的树木。它们都属于五针松，即5个针叶长成一束。松树都是针叶树，属于裸子植物。因此，它们是银杏树、蕨类、苏铁类植物的远亲，这些植物都是史前遗留下来的。红杉树、狐尾松和铁杉也是针叶树。很多针叶树都会通过常绿的针叶吸收能量，有些树的叶子上则覆盖着鳞片，就像爬行动物的鳞片一样，例如杜松。它们和枫树、橡树及其他开花树不同，针叶树不开花，靠球果结籽。雄球果产生花粉，雌球果受精后长出种子。已知的松树有100多种，来自北美的五针松有9种，其中只有一种来自东部，即北美乔松，西部白松、狐尾松、糖松、软松、二尾松、西南白松、白皮松都是西部树，它们的生存环境很恶劣，其他树木根本无法忍受。东部白松喜欢低温低海拔的生长环境，人们往往会在东北海岸的铁杉林和北部阔叶树林中看到它们。东部白松会穿过五大湖区，沿着阿巴拉契亚山脉向乔治亚州北部延伸。它们有时会向荒原进军，充当树木的先遣队，因此荒原有可能变成森林。[7]

假如你在东部森林里发现了一棵古老的白松（非常罕见），那么你会发现，它不仅长得高大笔直，外表还覆盖着一层厚厚的砖状树皮。在现存的白松中，最大的白松约有20英尺①粗，高度

---

① 1英尺约等于0.3048米。——编者注

至少有160英尺，约10层楼那么高。有些白松已经有数百年历史了。[8]很多白松都没有枝丫，像高塔一般耸入云霄，但并非每棵白松都如此。易洛魁人（Iroquois）认为，白松是和平之树，聚成一束的5只针叶象征了曾交战过的国家最终化干戈为玉帛，常绿的针叶象征了永久的和平。[9]想象这副由安静的巨人组成的画卷，就像在想象一个时代，此时还未出现欧洲人，伐木狂潮也没有到来。

过去，伐木工砍伐了无数棵东部白松，将它们制成船只的桅杆。殖民时期，英国海军将新大陆森林里的白松制成桅杆，扬帆远航，开启新的征程。他们的屋内随处可见宽阔的木地板。他们还用一种古老的植物——“美国五叶松”来雕刻雕像（鹰或女人的半身像），以此来装饰船头。[10]1691年，为了防止殖民地的居民将最好的木料占为己有，英国王室颁布了一条公告：最大的树不能归个人所有，凡“直径达到24英寸”的树都归国王。[11]对于想获取物资、想搞建设的人来讲，他们的不满情绪随着这项条例的颁布日益增长。后来，古树和本地树木的供应量开始缩减，英国人便想自己种植白松，因此他们将种子送回了本国。虽然最后种成功了，但它们的茂盛程度却比不上原产地。

几个世纪后，森林逐渐变成了原野，伐木工的效率也越来越高，森林中高价值的林业资源已近枯竭。随之而来的便是重栽计划，要想覆盖新英格兰地区数千英亩的土地，就需要大量的树苗，这种需求远超当地苗圃的培育能力。讽刺的是，假如从德国、法国和荷兰的苗圃中进口这种树苗，会更划算。欧洲不仅拥有经验丰富的园丁，在植物育种方面也颇有建树。因此，有一段时间，美国的护林员和苗圃主从欧洲引进了数百万棵白松苗。[12] 仅 1909 年，一家德国苗圃就将数百万棵松苗运送到美国的数百个地区。[13] 但他们送来的不仅是白松苗，还有其他东西——其中有些幼苗感染了松疱锈菌病。

***

1905 年，人们在费城附近的一个苗圃里采集了真菌样本，美国农业部的真菌学家弗洛拉·帕特森（Flora Patterson）拿到了这份样本。[14] 该样本源于一棵幼年白松，帕特森鉴定后认为，这是“被孢锈菌，一种能引起松疱锈菌病的真菌”。[15] 1 年后，纽约、日内瓦的醋栗灌木丛里突然出现了这种真菌；4 年后，也就是 1909 年，日内瓦的一位年轻护林员发现，德国送来的白松上长着奇怪的肿块。

这种真菌在欧洲较为常见，它们会感染当地的松树，但不致命。一位名叫卡尔·申克（Carl Schenck）的德国林务员熟悉这种真菌，知道它们可能会对北美树木带来多么严重的危害。他警告道，进口欧洲松树可能会引发灾难。[16] 这种真菌需要两三年的时间才能孵化出孢子，在此之前人们都看不见它们，因此，这给鉴定带来了一定的困难。[17] 当帕特森收到的样本越变越多时，她开始担心了。这些样本都来自黑加仑、醋栗和松树。

引起疱锈病的真菌和大多数真菌一样，子实体能释放大量的孢子。典型锈菌的生活史非常奇特。锈菌和蘑菇是近亲，它们和蘑菇一样，在其生命周期的某一刻，两种不同性别的孢子会结合在一起有性繁殖。当锈菌孢子落在五针松的针叶上时，一旦遇到了适宜的环境，例如凉爽多雾，真菌就会以担孢子的形式，通过气孔侵入蜡状针叶。[18]气孔是气体进出植物的通道，植物的叶片上布满了气孔，植物会利用它们吸入二氧化碳等气体，并将这些气体转化为碳水化合物，同时再排出氧气。气孔就像一扇大门，为真菌打开了通道，一旦它们侵入，就会通过纤细的菌丝探入针叶来搜寻食物。每个担孢子都会长出一个特定类型的菌落，从而配对，有些人将它们记为“+”“-”，这是两种相反的类型。随着真菌的生长，菌丝会沿着针叶扩散到茎枝中，最终侵入树干。它们能侵入各年龄段的树木——幼树、小树、大树和老树。[19]在感染的前几年，随着春天的到来，气温逐渐回升，患病的树皮、树枝或树干上的溃疡处会冒出水泡，并产生性孢子。有些会释放黏性液体，有可能被昆虫或其他生物带走，也可能被雨水冲刷到地面上。有些会在树上萌发，形成菌丝。当两种不同的菌丝（+或-)相遇时就会融合，遗传物质也会重组。大约一年后，真菌再次从树干中冒出来，并开始释放粉末状的黄橙色锈孢子。这些孢子已经进化，可以随风飘移。有些会落在土壤上、旅行者的肩膀上，以及汽车的挡风玻璃上；有些则会落在岩石和溪流上，落在铁杉和冷杉上；还有一些会落在漂流的叶片上，醋栗丛里。然后，它们再通过气孔进入叶片，就和入侵松树的过程一样。一旦感染，叶片就会发黄、枯萎、脱落，但植物却会顽强地存活下来。

几周后，那些被感染的叶片底部看起来就像撒了一层生锈的粉末。这些夏孢子将会感染其他茶藨子属的植物。自此，这些植物就变成了锈菌的生物反应器，从而让真菌感染更多的叶片，更多的植物。当温度降低，白昼缩短时，毛发似的冬孢子——孢子的另一种形态——就会从叶片底部长出来。冬孢子释放出担孢子，它们只能在松树的松针上萌发。这些孢子比锈孢子纤细，能随着风短距离移动，大约有几百英尺。昆虫、鸟类和小型哺乳动物也会携带锈菌，孢子会粘在它们的脚趾、皮毛及羽毛上。感染后的树木并非没有丝毫抵抗力，这点和其他生物一样。它们的抵抗力有时很强，有时很弱。无论是野生的白松林还是有人照看的白松林，都是毫无经验的宿主。事实证明，这些宿主在很大程度上无法抵御这种新发的外来真菌。

树木和人类一样，都由细胞构成，不同类型的细胞作用不同。随着树木的生长，有些细胞会水平生长，有些细胞则会相互堆叠，有些会分化成管道，以供营养物质和水分的运输。对参天大树来讲，它们体内的营养物质和水分需要运输数百英尺长的距离，才能从根部到达嫩枝及叶片，而糖分则由针叶向下运输。有些树木的细胞能存活几十年，其中一些会分化成根，和真菌的菌丝及其他微生物组成地下网络，并通过这个网络与它的“亲朋好友”交流。有些细胞会分化成叶片，合成碳水化合物，为植物提供营养物质，但它们会枯萎脱落。还有一些细胞会分化成水果、坚果和松果。当树木体内的某些细胞死亡时，它们仍然是树的一部分，还能继续为树木提供支撑和保护。

树木对疾病和病原微生物也有多层防御机制。树皮由一层层的死细胞构成，这是树木的第一道防线。树皮具有一定的保护作用，某些真菌只能通过植物的伤口或随鸟类和昆虫的啃食侵入植物体内。一旦这个屏障被打破，树木和其他植物都会产生化学防御，有些化学防御甚至能阻止微生物、昆虫和其他天敌。但是，如果防御失败，发生了树枝断裂、动物啃食、疾病侵害等情况，树木就无法像某些动物那样完成自我修复。不过，“树中有树”，就像俄罗斯套娃一样，[20]即使它们必须牺牲树枝或树干的某一部分，它们也能生长并产生新细胞，“其实，它们每年都会在老树的基础上长出一棵新树”。

当真菌感染至树木的内皮时，它们就会患上溃疡：隆起物会包围在树干或树枝凹陷处的伤口周围。溃疡有助于隔离感染区域。有时病原体会持续生长，那么溃疡就会形成一圈圈的同心圆。如果你在树干或树枝上看到了这些隆起的伤疤，千万不要小瞧它们，这代表了一场场生存的斗争，是胜利的勋章。接下来，这棵树会继续生长，虽然和之前相比，它们的伤痕更多，也会变得更粗糙。

当树木遇到真菌病原体感染和其他伤害时，老树比幼树更易存活，因为它们可以随意隔离伤口、脱落枝叶。随着真菌和溃疡的生长，它们最终会阻断树木的水分及养分的运输，这点足以杀死它们，这也是松疱锈菌病的致死原因。树木的感染首先会出现在松针上，然后是茎、树枝，最后是树干。年幼的松树能脱落的枝叶较少，因此更易死亡，也更易被压垮。虽然树木的防御能力很强，但从树木的进化史来说，松疱锈菌病是一个新型挑战，许多个体都无法适应这种新发病原体。

从大西洋中部到加拿大再到缅因州，东部白松的枝干上散落着橙色的斑斑点点。感染后的松针变成了红色，它们随着微风翩翩起舞。西部的松疱锈菌病来自欧洲，1910年，它们首次出现在不列颠的哥伦比亚省，然后自此蔓延到了华盛顿州和俄勒冈州。20世纪30年代初，它们扩散到了北加州，不久后又来到了落基山脉。松疱锈菌席卷了西部森林，这里到处都是耸入云霄的糖松和西部白松。

***

当锈菌开始在美国的白松林中蔓延时，管理人员的做法是剪掉被感染的树枝。但真菌并没有得到控制，它们还在继续蔓延。考虑到以下几点，高死亡率、树木的商业用途毁于一旦、森林将被毁灭，护林员和科学家们转换了控制策略。他们打算除掉松疱锈菌病的转主寄主，即黑加仑和其他醋栗属植物。

这里到处都是灌木，除了进口的黑加仑（大家很喜欢种这种风味独特的进口浆果），还有很多本地的醋栗属植物，例如奇怪的葡萄状醋栗。1916年，也就是疫情发生后的几年，工人们拔除了马萨诸塞州的茶藨子属植物。这是一次实验。研究表明，以松树为中心，将其周围200到300码①的植物清除干净，能减少疾病的感染。据估算，移除的费用大约是42美分/英亩，也就是一打鸡蛋的价格。[21] 缅因州的工人工资是30美分/小时，其他地方则会以食品、杂货或衣物来支付工资。还有些地区按亩数

① 1码约等于0.914米。——编者注

结算。[22] 20世纪30年代的大萧条中期，民间资源保护队雇用了体格强健的工人来从事这项工作。到了30年代末和40年代初，男人们都上了战场，这份工作就落到了高中生（男孩）的头上。喜欢松树的当地人都很赞成破坏醋栗丛，但有些人（尤其是那些贩卖浆果的人）会骚扰工人，要求他们赔偿损失，或者抱怨政府侵犯了他们的合法权利。到了1965年，东北部至少清理了1200万英亩（其中有500万英亩的土地上覆盖着白松）的茶藨子属植物。[23] 虽然松疱锈菌病还在，但它们对东部树木带来的威胁却再也不能和过去相比了。

但西部不同。茶藨子属植物遍布在山坡、深谷和其他远离城镇的偏远地区。工人们要徒步上山，并在那里安营扎寨，花费几个月的时间来清理灌木丛。杰拉德·巴恩斯（Gerald Barnes）是一名退休的林务员，他写道："1953年，我首次接触到了松疱锈菌病的防治工作。"[24] 在他的职业生涯中，大部分时间都在和西部松树及松疱锈菌病打交道。他刚从俄勒冈州格兰茨帕斯的高中毕业，就加入了西斯基尤山区的"除草小队"。这是一项野外工作，非常艰苦。工人们在这里安营扎寨后，还得徒步数英里才能到达目的地。这里有陡峭的悬崖，周围有响尾蛇和熊出没，烈日当头，酷热难耐。他们手持锄头，将灌木丛翻个底朝天，清理着茶藨子属的植物，剪掉或毒死植物的根部，还要顺着溪流而下，喷洒除草剂。工人们走在小溪边，身上背着装满除草剂的军用邮包，按需喷洒。"这是一项又复杂又凌乱的工作"，巴恩斯写道，他一直坚持到1958年的夏天。时间来到了20世纪50年代末，此时国家的实验计划已经结束，大约有上万名工人参与了这项计划，清理出数百万英亩的土地。虽然这项计划在东部取得了成功，但由于西部较为辽阔，地势崎岖，因此，锈菌仍是个问题。

1917 年，新罕布什尔州成为首个禁种茶藨子属植物的州。随后，联邦政府颁布了禁令，禁止人们进口和种植茶藨子属植物。由于对这种真菌的控制工作在东部取得了一定的成效，育种者开始培育抗锈病品种。最终，在种植者的推动下，禁令取消了。20 世纪 60 年代，联邦政府取消了进口茶藨子属植物的禁令。[25] 但由于各州可以拟定自己的法律，所以有些州还在执行着禁种黑加仑的法律。[26] 因此，植物在地图上的分布区域就像一块块拼图。尽管马萨诸塞州位于佛蒙特州和康涅狄格州之间，而这两个州已经废除了禁令，但马萨诸塞州和缅因州一样，还在执行着黑加仑禁令，有一段时间，新罕布什尔州鼓励当地的种植者去种植一种抗锈菌的红醋栗，名为“Titania”。后来，生长在这种灌木周围的白松被感染了，经研究发现，“Titania”并没有抵挡住锈菌，因此，该州又禁止了这种植物。[27] 相比之下，俄勒冈州、怀俄明州、华盛顿州和其他西部各州，并没有限制茶藨子属植物的购买和种植。[28] 然而，松疱锈菌病仍然是这些地区的一个大问题。

锈菌病已经扎根在美国西北部和加拿大西南部的某些地方，几乎感染了这里的每一棵白皮松。这里曾是一片美丽的高海拔森林，锈菌却将它们变成了布满结节的幽灵树。在美国西部能结果的白皮松中，死亡的树木已经超过了一半，落基山脉北部的情况则更严峻。[29] 当树木出现大规模死亡时，球果的产量就会缩减，科学家们担心那些与树木共同进化的野生动物会放弃白皮松，选择其他食物，例如北美星鸦。如果是这样的话，对幸存的树木来讲，这将是一场大灾难。

戴安娜·汤姆巴克（Diana Tomback）是丹佛科罗拉多大学的生态学家，40多年来，她一直在研究北美星鸦和白皮松之间的关系（北美星鸦是一种漂亮的灰色小鸟，翅膀和尾巴呈黑白色）。她说："它们非常依赖彼此。"[30]白皮松的球果呈深紫色，生长在树冠顶端的树枝上。其他针叶树的松子有"翅膀"，可以通过风来传播，白皮松则和这些树不同，如果没有外来的帮助，它们将无法繁殖。松子被锁在球果里，即使成熟了，球果也不会自行张开。秋天到了，树顶上的球果里都是松子，此时的鸟儿也开始储备过冬的粮食了，它们轻而易举地就能抓到球果。北美星鸦用自己长而有力的喙掘住种子，轻轻一拉，种子就出来了，然后它们会把种子藏进舌下囊里。饱餐后的北美星鸦就像牛蛙一样，亮出自己圆鼓鼓的肚子。鸟儿每次会在土壤或落叶下储存几颗或几十颗种子，丰年中，每只北美星鸦都能储存数万颗松子。[31]有些动物会偷走这些松子。春天，北美星鸦会用剩下的松子喂养后代。松子太小了，一顿得吃很多颗，因此，多存几百颗（或几千颗）会更保险。同时，未被吃掉的松子也有了发芽的机会。这就是白皮松能在地图上移动、能在火后迅速重建、能在林木线上生长的原因。当条件适宜时，埋在地下的松子会发芽，长出一簇簇幼苗。"这种鸟儿与树木共同进化的关系非常紧密"，汤姆巴克说道，[32]一旦北美星鸦放弃了它们，那白皮松就没什么希望了。鸟儿帮树木繁殖，树木为鸟儿提供食物，但松疱锈菌病打破了这个循环——白皮松已然濒临死亡，鸟儿却能找到其他植物的种子。汤姆巴克担心，如果再不采取措施，有些地方的白皮松将在1个世纪内消失。

对白皮松来讲，真菌并不是唯一的威胁。气候变化正在缩小树木的生存环境，迫使它们迁移到海拔更高、温度更低的地方，而现在的某些适宜环境，将来也可能变热。接下来便是甲虫的周期性爆发。山松甲虫原产于西部，虽然它们最喜欢的寄主是美国黑松等松树，但每种松树都能充当它们的寄生对象，例如白皮松。雌性山松甲虫能咬穿松树的外树皮（坚硬，具有保护作用），进入内树皮（柔软，富有生命力）。它们在这样做的同时还会释放信息素——这是一种化学物质，能吸引其他甲虫（雄性和雌性）聚集到这棵树上，随后产下几十颗卵。成熟前，甲虫大部分的时间都躲在树皮下，以树木为食。成熟后，它们会在交配时从树皮下钻出来，并在几天内啃穿另一棵树。[33] 树木遭到这种猛烈攻击后，往往会枯死。一旦某个地区爆发了大规模的山松甲虫，将会杀死数百万棵树。随着全球气候的变暖，甲虫也似乎变得更加猖獗。[34] 松疱锈菌病、气候变化及甲虫的直接和间接影响交织在一起，给白皮松的生存带来了前所未有的挑战。三重威胁足以令人惶恐不安，因为仅仅是真菌感染就使美洲栗成了濒危物种。

***

美洲栗曾分布在阿巴拉契亚山脉，从蓝岭山脉延伸到伯克郡及更远的地区。现在很多人都没见过成熟的美洲栗，但它们曾一度是这里的王者。夏天，白色的柔荑花序长满了这些高耸的树木的树冠；秋天，一颗颗甜坚果从树上落下。这里到处都是用“栗”命名的路标：栗原路、栗山、栗街。这种迅速生长的硬木不仅为伐木工人提供了就业机会，也为房屋建筑商、船桅和铁路枕木提供了耐腐的木材。[35]20世纪初，栗木的产业价值超过了2000万美元（在今天将超过6亿美元）。有些栗树很粗，直径超过了10英尺，一些大栗树甚至能造出一幢小屋。人们会烤栗子，为栗树唱赞歌，一家人围坐在栗树旁拍照。它们和白皮松一样，为野生动物提供了栖息地。栗子的数量实在太多了，因此，农民会把饲养的猪送到栗林里育肥，然后享用栗子味的猪肉。即使在以人为本的社会体系中，栗树也极为重要。据科学家估算，栗树在某些地方的比例占到了四分之一。还有数据表明，在大烟山国家公园里，曾有30%的土地都覆盖着栗树。[36]

纽约布朗克斯动物园里有成千上万棵树（和灌木），其中就有栗树。该动物园是纽约动物学会的一个项目，特意进行了规划，相当于城市中的自然避难所。[37]它于1899年开放。这里的动物并没有被关在笼子里，而是生活在一个更贴近自然的环境中，因此，虽然这里有围栏，但人们见不到。这里生活着成群的羚羊、草原土拨鼠及河狸，很少见到单只的动物。纽约市中心还有大角野羊山和水獭池，也能看到鳄鱼和短吻鳄，它们都被森林包围着。这座动物园之所以成功，最关键的一点就是绿化。赫尔曼·默克尔（Hermann Merkel）是一位年轻的德国移民，也是动物园里的首位护林人，他负责所有的绿化工作。只要是绿色，就归默克尔负责。随着城市的不断扩张，森林变得越来越珍贵。动物园里有一大片森林，在动物学会看来，这些树与即将生活在那里的动物“一样重要”。动物能被取代，但一棵几百年的橡树或栗树是无法被取代的——它们一旦倒下，就是永远的消失。1898年，该协会指出："纽约市范围内任何地方的森林，一旦出现大规模的死亡，都将是一场灾难。"因此，他们聘请默克尔来保护橡树、榆树、鹅掌楸和栗树，这些树覆盖了整座动物园。

默克尔了解这个动物园。除了要保护成千上万棵树的健康，他和同事们还要种草、灌木和鲜花。在闲暇之余，他还会捕捉一些逃跑的动物（比如一只小型美洲狮，"危险系数中等"，远比一只杂交狐獴和在野外打洞的土拨鼠危险）。他在狮子屋旁搭建并加固了石墙，确保羚羊屋的排水系统正常，还在土拨鼠群周围建造了混凝土屏障。[38]1904年夏天，他发现公园里一些栗树的叶片开始发黄卷曲，像秋天的落叶一样。默克尔经过仔细观察，注意到枯叶的树枝上布满了红色和橙色的斑点，从脓疱可以看出，这是某种真菌造成的。[39]虽然情况不好，但庆幸的是只有几棵。他想，也许是当年的环境较为苛刻，寒冷的冬季过后又遇到了干旱；也许是寄生虫，这些小东西活不过冬天，说不定就不会再回来了。[40]但"它"却回来了。

时间来到了1905年的夏天，公园里的1400棵栗树都处在已死亡或快枯死的状态。这场灾难与它们所处的位置、树龄及直径无关，几乎动物园里的每棵栗树都未能幸免于难。从最近种植的幼苗到几棵树干直径为10~12英尺的"原始树木"，它们全都被感染了。[41]动物园负责人担心，这是一场毁灭森林的灾难。为了拯救这些生病的树木，默克尔给美国农业部寄去了一份样本，这份样本落到了弗洛拉·帕特森的手中。不幸的是，她认为这种真菌是某类常见的真菌（虽然她说她并不知道这种真菌会感染栗树）。[42] 她建议先修剪患病的树枝，并用新型杀菌剂进行处理。[43]

19 世纪 80 年代初，法国植物学教授皮埃尔·玛丽·亚历克西斯·米拉德（Pierre-Marie-Alexis Millardet）在梅多克（波尔多的某个地区）的葡萄园里发现了一个奇怪的现象，有些葡萄感染了白粉病。当时，有些种植者会用硫酸铜和氢氧化钙的混合物处理葡萄树，这些物质会沾在葡萄上，从而防止有人偷摘葡萄。但米拉德发现，经过处理后的葡萄树不会感染真菌，他想知道这种混合物是否能起到杀菌作用。事实的确如此，这种混合物能在不伤害葡萄树的前提下，起到杀菌作用。至少故事是这样讲的。米拉德可能已经知道，这种混合物能预防真菌感染。[44]1 年后，“波尔多”（Bordeaux）一词穿越了大西洋，并在帕特森的上司、美国农业部植物病理学家贝弗利·加洛韦（Beverly Galloway）的推广下，火了起来。[45] 此时，波尔多液已成为美国首选的农作物杀菌剂，直至今天，它仍是一种流行的“有机”杀菌剂。但有个问题，波尔多液不能穿透植物。当残留在叶片上的铜被露水或雨水浸湿后，就能杀灭真菌。水分能加速铜离子的释放，铜离子会破坏蛋白质，因此，它会破坏真菌和其他病原体的酶。这是一种局部治疗而非系统治疗，只有当真菌暴露在植物的叶片、茎秆上时，才能达到最好的治疗效果。当人们喷洒了波尔多液后，雨水会令其丧失药效（同时还会引起铜离子的积蓄，生活在这里的农作物几十年来都要面对这个问题）。[46] 就栗树而言，如果能在真菌孢子萌发前喷洒波尔多液，那么它们就能对抗枯萎病。[47] 一旦真菌侵入树木的内部，这些局部治疗就会丧失疗效。即使有用，还要考虑如何给参天大树的枝干喷洒剂量合适的杀菌剂，从而控制疾病。默克尔开始修剪树枝并用杀菌剂处理患病的树木，但整个动物园里有上千棵树，除此之外，动物园外被感染的树更多，只不过它们受到的影响并不显著。这并不是感染树木的普通真菌。默克尔想去探寻其他意见。

威廉·莫里尔（William Murrill）是纽约植物园的新任助理馆长，这座植物园离动物园不远。默克尔找到了莫里尔，问他想不想看看那些生病的树。[48] 莫里尔虽然年纪较轻，但心怀壮志，他并不认同帕特森的诊断结论。如果美国农业部的诊断正确，那这种真菌的致死率又怎么会突然升高？对莫里尔来说，这是他事业上升的一个机会，正如他在自传中所写的那样（以第三人称的方式），“在他通往声名的阶梯上，这是一个及时的台阶”。[49] 他带了一些真菌回到实验室，并感染了栗树的树枝。首先，他需要确认真菌感染引起的症状。

早在几十年前，微生物学家罗伯特·科赫（Robert Koch）就制定出一套规则，这套规则将肉眼无法看见却有致命威胁的微生物与疾病联系了起来。他的研究在很大程度上依赖路易斯·巴斯德（Louis Pasteur）的重大发现。巴斯德是一位化学家兼微生物学家，19 世纪 60 年代，巴斯德发现微生物才是引发疾病的原因，而且在某些情况下，它们还是一种必不可少的存在。继巴斯德之后，科赫开始分离致病微生物。但如何验证它们与疾病之间的因果关系呢？这就得提到科赫的细菌致病理论（Germ theory of disease）了，该理论建立在因果关系的可重复策略上。先从病人体内分离出可疑的致病微生物（一种特定的微生物，健康人群不会出现），再用分离出的致病微生物感染健康宿主，观察是否发病，最后再将致病微生物分离出来。莫里尔和科赫一样，进行了分离、感染、再分离的工作。年幼的栗树上长着真菌脓疱，症状和当地生病的栗树一模一样。几周后，孢子从栗树苗上渗了出来。[50]莫里尔成功地将这种新发的致命真菌与疾病联系了起来，他将其命名为寄生间座壳属菌，[51]并把感染的树枝寄给了美国农业部，同时也宣告了自己的发现。后来，这种真菌更名为寄生隐丛赤壳菌。

当真菌孢子落在栗树的树皮上萌发时，菌丝就会沿着树上的伤口或裂痕侵入树皮。枯萎病不同于松疱锈菌病，它的发展速度很快，感染几周后就能释放出孢子。通常情况下，无性孢子具有黏性，会从真菌子实体中渗出，当性孢子进入空气后会随风传播。[52]春季来临，动物园里的数百万枚分生孢子（无性孢子）都会从分生孢子器（鲜艳的黄色卷须）中挤出来。黏稠的孢子会粘在昆虫翅膀上和鸟儿的脚上（例如五子雀、旋木雀和啄木鸟）。有些孢子会被雨滴溅起，落在低处的枝丫或附近的树上。当真菌菌株上的雄性孢子和雌性孢子结合时，就会形成一种新的性孢子——子囊孢子。子囊孢子呈球状，能向不同的方向喷射孢子。动物园和其他地方的子囊孢子被风吹到了远处的栗树上，扩大了感染圈。这种真菌侵入宿主的速度快得惊人，因此，无论是杀菌剂还是切断树枝，都无法控制住这头野兽。

“可以肯定地预言”，默克尔在1905年的动物学会年度报告中写道，“两年后，动物公园附近将找不到一棵活着的美洲栗”。[53]事实证明，默克尔的预言是对的。时间来到了1910年，植物园里损失了1000多棵美洲栗，而在默克尔家附近，至少枯死了50

棵美洲栗。这种真菌会沿着山坡向下进入阿巴拉契亚山脉的栗树林，它们以每年 25~35 英里的速度向前移动，将宾夕法尼亚州到佐治亚州的栗树屠杀殆尽。[54] 林务员则在能砍伐的时候把那些没死的栗树也砍掉了。

美洲栗是一种重要的林木，它们的大范围死亡令人恐惧。虽然干旱、火灾、虫害都有可能摧毁森林，但在当时，这些都属于自然灾害，以前也曾发生过。本地虫害每隔一段时间就会爆发一次，例如山松甲虫。很多树木和野生植物也需要浴火重生。即便是杀死农作物的真菌，早在圣经时代也已经出现了。但是，我们还从未见过一种真菌消灭一种树木的情况。曾经，漫山遍野都是雄伟的栗树，现在它们却变成了阴森恐怖的灰色枯木。《纽约时报》将这种枯萎病称作“树木界的恶魔”。[55] 弗吉尼亚州寄来了数百封信件，从这点可以看出，东海岸枯萎病的蔓延速度有多快。有些人认为，枯萎病是对“罪恶和奢侈生活的痛斥”，它在呼吁人们祈祷，或许这能令树木复兴。

1912 年，美国农业部部长詹姆斯·威尔逊（James Wilson）曾满怀希望地认为，人类能够战胜这种真菌。他写道：“到目前为止，环境卫生和隔离措施能消除任何传染病。”[56] 但是，无论是威尔逊部长还是当时的工作人员，都未曾见过致命的真菌在森林里四处游荡的场景。这种疾病的爆发无法控制，史无前例。据估算，栗树在几十年内的死亡数量高达 30 亿 ~40 亿棵，这种情况永久地改变了森林、文明及人们的谋生方式。1938 年，当赫尔曼·默克尔去世时，除了少数幸存的栗树，所有栗树都已经死亡或濒临死亡（种植在全国各地的栗树中，恰巧有些生长在孤立的森林里，因此基本上相当于被隔离）。

当人们在布朗克斯发现这种真菌后，没几年，科学家们就发现，这种真菌出现在中国的栗树上，这里最有可能是它的起源地。这种瘟疫和松疱锈菌病一样，都是通过船只运输进来的。

***

大约在 19 世纪初，房主或果园主能够通过邮购的方式，从康涅狄格州纽黑文、纽约州罗切斯特或北卡罗来纳州比尔特莫尔的苗圃购买来自西班牙、美国或日本的栗树，价格最多为 1 美元。[57] 外来树是种新事物。美国人还能在当地的市场上找到进口水果。农民能种植俄罗斯的小麦，或者克罗地亚的羽衣甘蓝。如同现今人们对进口动物的狂热，那时的人对外来农作物感到很新奇，因此对植物所携带的疾病视而不见。那时和现在一样，由美国农业部来负责收集水果、谷物、蔬菜、珍奇树木和其他观赏性植物的种子。世界各地的植物能把美国的土壤变成金钱，这对消费者、农民和经济都有好处。早在那个时代，人们就已经清楚地知道进口病虫害的问题，美国农业部专门聘请了真菌学家（弗洛拉·帕特森）、昆虫学家和其他科学家，他们能鉴别病虫害，并为农民和地主提供建议和解决方案。但他们对预防没什么兴趣。人们认为，新技术和化学工业应该能战胜自然。在美国农业部的支持下，几十年来，人们从远方收集了成千上万棵植物、种子和树苗，它们被装进集装箱，漂洋过海来到美国，并在这里扎根。

大卫·费尔柴尔德（David Fairchild）是最多产的收藏家之

一，1898 年，他成为美国农业部种子和植物引进办公室的第一任负责人。费尔柴尔德穿过欧洲，跨过苏伊士运河，乘船前往爪哇和苏门答腊。他一直在收集可食用植物和它们的种子。费尔柴尔德在美国农业部任职期间，从现在的巴基斯坦引进了开心果、腰果、樱桃、柠檬、油桃以及 10 多万种其他食用植物。在费尔柴尔德的监管下，农业探险家从俄罗斯、中国、日本、阿尔及利亚和其他几十个国家的偏远村庄运来了种子、农作物的剪枝和花园里的观赏植物。在他和同事们的不懈努力下，国家的饮食方式发生了改变，种植的植物也发生了改变。19 世纪末，成千上万棵植物在远离家乡的地方生根发芽。美国人喜欢品种多样的农作物，同时农民也能从中获益。美国农业部工作中的黑暗面被大量的进口植物所掩盖，虫害、锈病、疥癣和其他疾病都搭上了这趟顺风车。只有少数几个人在抨击费尔柴尔德和他的工作，其中最厉害的当属查尔斯·马拉特（Charles Marlatt）。

马拉特和费尔柴尔德从小就认识，他们一起在堪萨斯州长大，马拉特比费尔柴尔德大 6 岁，将他视为弟弟。[58] 费尔柴尔德热爱植物，马拉特则喜欢研究昆虫和农作物害虫。他们志趣相投，分别代表着现代农业的两面。费尔柴尔德乘船前往异国他乡，开启了农业探险家的奔波之旅，此时的马拉特则在加利福尼亚州、弗吉尼亚州和得克萨斯州研究蝉的周期性和农作物害虫。1889 年，美国农业部昆虫局聘请马拉特担任助理。[59] 至此，两位科学家在华盛顿重逢，此时他们仍是好朋友。1905 年，费尔柴尔德在与玛丽恩·贝尔［Marion Bell，亚历山大·格雷厄姆（Alexander Graham）的女儿］结婚时，马拉特还以伴郎的身份出席了婚礼。但这种友谊是短暂的。

马拉特认为，费尔柴尔德和其他人所从事的植物引进工作相当于引进了疾病的特洛伊木马。对美国的农民和森林来讲，每一种病原菌都是潜在的灾难。[60] 在他任职期间，马拉特为防止病虫害的进口做出了不懈的努力，但这并非主流立场，他的前任也曾这样做过，但取得的成效却微乎其微。[61] 农业部决心提升国内的农业实力，而引进的新奇植物、果蔬也已经进入了国民的花园，他们正惬意地享受着新奇感。十几年来，马拉特一直在担心那些看不见的东西，它们可能会破坏农作物，把健康的森林变成鬼林，而费尔柴尔德只在桃子、苹果或谷物品系中寻找更好的品种。两位老朋友都坚信，植物有好有坏。现在，他们却反目了。

1909 年，马拉特开始积极争取联邦政府推动针对进口病虫害的保护措施。他本想彻底地结束外来植物的收集和引进工作，现实却与之相反，他起草了一项法案，让美国农业部来控制植物的进口和分销方式。[62] 但东部的苗圃主委员会却不同意，对他们进行反击，该委员会代表了一个依赖进口植物的小团体。马拉特后来写道，这些苗圃主“不顾进口植物给国家带来的损失，只关心他们的工作自由是否受到了轻微限制。[63] 女士花园俱乐部（Ladies Garden Club）也加入了他们的行列，会员人数高达数千人。她们都是受过教育的女性，被园艺学会和植物俱乐部拒之门外。她们筹集资金用于景观美化，活跃在美国景观的政治和保护领域。马拉特写道，这些女性反对这项立法，她们对国会的影响力比苗圃主还大，“这对法案来说非常不利”。[64] 马拉特的努力最后以失败告终。随后，引进的樱桃树到了。

1910 年 1 月 6 日，有 2000 棵樱桃树从日本抵达华盛顿特区，它们被种到华盛顿纪念碑周围新建的购物中心。这是费尔柴尔德的主意。几年前，他和妻子玛丽恩在自家的土地上种植了日本樱桃树，后来发现，这种蓬松的粉色花朵能给游客带来快乐。为了分享美景，费尔柴尔德构思了一个免费开放的植物观光景点：沿着新建的华盛顿广场种植开花的樱桃树。这出于一个偶然的时机。1907 年，美国和日本达成了“君子协定”，日本同意限制移民的人数，而美国旧金山市也要取消禁令。当时，旧金山市的种族歧视现象日益加重，还将“全亚裔”的儿童隔离在不同的学校。对塔夫脱总统来讲，这些树类似于协议之后的握手，是一种缓和紧张局势的方式。费尔柴尔德要进口 300 棵树，而东京市长送来了 2000 棵。[65] 似乎每个人的脸上都洋溢着笑容，除了马拉特。

因为这些树是在美国农业部的赞助下运来的，马拉特看到了一个机会：他有权检查进口货物。1909 年 12 月，樱桃树抵达西雅图，然后再通过火车运往华盛顿特区。1910 年 1 月，樱桃树到达了目的地。马拉特派出了一批昆虫学家和真菌学家（包括弗洛拉 · 帕特森）去检查这些树。结果他们发现了介壳虫、冠瘿病（由细菌引起）、蛀木幼虫和一种只能被鉴定到属的真菌。检查结束后，费尔柴尔德写道：“提出抗议的病理学家和昆虫学家有很多，我觉得自己成了靶子。”[66] 马拉特建议将这些树毁掉。他写道，一个在法律上保护农业的国家是不会允许这些有病的树流进国内的。[67] 这份报告递交到塔夫脱的手中，他下令烧毁这些树。1 月 28 日，这些穿越太平洋、跨过美洲大陆的樱桃树被付之一炬，看起来并不利于两国的邦交。《纽约时报》发表了一篇社论，对此表达了担忧，“在烧毁这份漂亮的礼物时，日本人的感情可能受到伤害”。《纽约时报》写道，也许这是一场“精心安排的意外”。[68] 最后并没有发生什么国际事件——就在举国担忧之际，东京市市长为此次送树过程中存在的纰漏表达了深刻的歉意。[69] 两年后，东京又送来了3000多棵健康的樱桃树苗，检疫后，这些树被种在了潮汐盆地里，而日本大使的夫人也有幸在华盛顿的土地上种下第二棵树。

1911年，马拉特在公开展示了进口树木的风险后，仍在寻求立法支持。他在读者众多的《国家地理》杂志上发表了一篇文章，向公众阐述了他的观点（这是一本社会杂志，当时的负责人是亚历山大·格雷厄姆·贝尔，他是费尔柴尔德的岳父，而费尔柴尔德是该杂志的副主编）。[70] 马拉特希望利用这个机会来说服读者，他写了一系列家里、院子里和全国各地的病虫害。除此之外，他还附上了一些图片：成群的毒蛾聚集在树干上，马铃薯的根部因患有癌肿病而泛黑（马铃薯癌肿病已经在纽芬兰出现，威胁到了美国的马铃薯产业），成片的栗树死于枯萎病。“我感觉整个美国的栗树都要完蛋了”，他写道，“不过，如果有合适的检疫法规，一切似乎还有救”。他指出，在已知的病虫害中，50%来自境外。其他国家已经认识到，进口植物会带来灾难。一些国家制定了严格的检验检疫法律法规，其他国家则直接禁止从美国进口苗圃。他写道，美国是唯一一个没有任何进口监管限制的“大国”。也正是因为这个原因，美国变成了一个“垃圾场”，所有欧洲港口拒收的患病植物都汇聚在此。葡萄根瘤蚜已经给法国带来了一场毁灭性的感染。这种害虫以葡萄的叶子和根为食，原产于美国密西西比河流域。1862 年，葡萄根瘤蚜随着葡萄藤出口到了法国，很快就在普罗旺斯和波尔多扎根，并向勃艮第蔓延。[71] 它们感染了来自西班牙、意大利、德国等地的葡萄树。当时的杀虫剂并不能杀死它们。种植者们绝望了，他们认为欧洲的葡萄树无法再承受这种打击，于是开始尝试美国葡萄树或杂交葡萄树。但对法国人来说，用这些葡萄树酿造出的葡萄酒总是在风味上欠缺一点。种植者们不情不愿地将葡萄藤嫁接到美国砧木上。[72] 在瘟疫恢复期间，法国开始进口葡萄酒，骗子们也开始出售低廉的假货。对于未受病虫害感染的国家来讲，这为他们提供了加大葡萄酒出口量的机会，至少在法国葡萄园复原前的一段时间是这样。[73] 针对这场灾难，1878 年，几个欧洲国家联合制定了一项植物检疫协议，对进口植物进行葡萄根瘤蚜的检疫。[74] 反观美国，在大多数情况下还继续进行开放贸易，很少有人对此产生顾虑。马拉特的文章发表后没几个月，费尔柴尔德就作出了回应，他也将自己的文章刊登在了《国家地理》杂志上，同时附上了无花果树和芒果树的照片，以及广袤的苜蓿地和一排排能用来制作无籽葡萄干的无籽葡萄树照片——无籽葡萄树原产于意大利，还有一张粗麻袋里装满了种子和根茎的照片。简而言之，植物进口并没有带来死亡和毁灭，取而代之的是富足——只要将它们收集起来带回家就行。但此时，马拉特的观点已经获得了部分支持。

1912 年 8 月，经过修改后，国会终于通过了《植物检疫法》（*Plant Quarantine Act*）。该法案设立了一个委员会，负责建立检疫系统，并对其进行监管。这个检疫法案虽然并不完全符合马拉特的设想，但现在的进口取决于出口国对病虫害的关注程度。如果大家认可这个体系，就能从这些国家进口植物。如若不然，就会限制进口的数量和用途。有些已知的携带疾病的植物要么被列入黑名单，要么被要求进行强制检疫或熏蒸。美国农业部负责对进口植物及州与州之间的贸易植物进行检疫。[75]虽然我们前进了一步，但并没有彻底地阻止病虫害。有些病虫害无法看见，有些生活在根际土壤里，有些以卵的形式藏在叶片下面，有些是微小的孢子。马拉特很懊恼，这次，他建议国家全面禁止进口植物。1917年，面对日益严格的监管制度，当时已从美国农业部离职的费尔柴尔德回应道："我们可以自说自话，'我们不依赖国外植物，检疫法规能保护我们将所有的疾病拒之门外'，但世界的整体趋势是交流越来越频繁……隔离越来越少，以及全球范围内植物和植物产品的大混合。"[76]虽然马拉特的彻底禁令被否决了，但1918年，美国农业部加强了政策限制，进口植物的根际上不得附着土壤，并且要对某些货物进行熏蒸。为了方便美国农业部工作人员的检查，所有的进口植物都必须经过华盛顿特区或旧金山入境。这种改变有效地遏制了直接将进口植物（用于种植与育种的植物）转售给消费者。[77]如果早在几十年前就实施这些管控措施，那么美国的栗树树林是否存在就是另一个说法了。

如果你能看到栗树的枯萎病从北方沿阿巴拉契亚山脉扩散的地图，就会发现，这条传播路径看起来就像吸墨纸上扩散的墨水。成树的死亡率接近百分之百。现在，几乎所有的美洲栗都消失了，只有少数几棵幸存者零星地散落在全国各地，而真菌仍然存在，它们存活在曾经的栗树根和栗树芽中，直到今天，它们仍在萌发。只有少数栗树能长大结果，但它们也会死亡。枯萎病改变了优势物种，灌木状的下层植被取代了曾经占主导地位的上层植被，关键物种出现了功能性灭绝。

***

20 世纪，世界各地都加强了对进口植物的病虫害控制，要求对进口植物进行检疫，对病虫害进行例行检查。但就现今的技术来讲，要想管理藏在幼苗茎秆中的微小真菌，或藏在叶片下的虫卵，仍是一项艰巨的任务。20 世纪 90 年代，佛罗里达州、加利福尼亚州和夏威夷出现了一种能导致桃金娘锈病的锈菌。这种真菌会感染桃金娘科的树木，该科的植物有桃金娘树、多香果、番石榴和桉树等几千种树。这些常绿的芳香油树木总共有 6000 种，其中很多都是锈菌的易感目标。而这种锈菌和其他锈菌又有所不同，它们不需要其他寄主。所有的孢子（甚至是性孢子）都出现在一个寄主体内，被感染植株的叶片和嫩芽上覆盖着明黄色的孢子，最终，这些孢子会杀死它们，因为真菌会抢夺树木的养分。其中，幼树的死亡率最高。20 世纪，世界各地都出现了桃金娘锈病，它们似乎是随着木材或其他植物性产品扩散。在过去的几十年里，它们的扩散速度加快了。[78] 没人知道它们的起源，除了在南美洲的某些地方，这种真菌病可能属于地方性传染病。[79]

2004 年，澳大利亚的大型桉树种植园里发现了一些孢子。桉树起源于巴西（这种树应用于造纸业，不属于南美洲的本土树），随着这种真菌的蔓延，澳大利亚的护林员和相关工作者都很担心它会入侵，因为澳大利亚的易感树有 2000 多种。森林、湿地、街道景观、花园苗圃和后院花园中的树木和其他植物都处于危险之中。[80]锈菌将是场灾难。人们已经研发出一种针对真菌的快速DNA检测试剂盒，也就是识别孢子的方法。[81]国家制定了应急预案，以防这种真菌的再次出现，并禁止人们从已出现真菌的国家进口木材。[82]6年后，也就是2010年，新南威尔士州的一位切花种植者发现了大流行菌株。他在自己养的薄荷柳树上看到了真菌，便将样本寄给了当地政府。接下来，政府开始对他种植的其他植物进行检疫，结果发现，这里的1000棵薄荷柳树以及包括松节油树和瓶刷树在内的其他物种都被感染了。5英里外是另一位种植者的庄园，那里的植物也感染了锈菌。这种真菌不断扩散，几个月后，它们在很多人的房前屋后出现。为了遏制它们的蔓延，人们摧毁了16000株苗圃植物和5000株野生植物。真菌的力量势不可当，时间来到了12月，大家的工作重心也从“清除”过渡到了管理。[83]2015年，这种真菌已经蔓延了1200多英里，扩散到了昆士兰州的凯恩斯北部。2020年的一项研究认为，澳大利亚本土的番石榴“正处于濒临灭绝的境地”。[84]2017年，人们在新西兰发现了这种真菌，而新西兰的大部分树木都属于易感目标，这点和澳大利亚的情况一样。[85]

桃金娘锈病已经开始大流行，就如同之前的松疱锈菌病和栗疫病一样，有可能会造成关键物种的灭绝。这两种真菌出现在20世纪的前10年，彼时的真菌学家和疾病病理学家还没有意识到植物贸易中暗藏的风险，它们也得以溜进美国。现在的我们意识到了风险，但锈菌和其他真菌仍在传播。现在的动植物比以往任何时候所遭受的攻击都多。

第4章 | 食物

香蕉这种水果把全世界都联系了起来。虽然我们吃的可能是不同的品种，但一眼就能认出“这是香蕉”。香蕉的产地和种类不同，所含的营养成分也不同，有些糖分偏高或淀粉量偏高，有些脂肪含量偏高或口感较硬，但它们都富含钾元素。在美国，人均每年的香蕉食用量约为 12 公斤，比任何一种新鲜水果都多。[1] 香蕉在其他地方也属于日常饮食的组成部分。继玉米、小麦和水稻之后，它成了世界上第四大主要作物。在某些地区，由香蕉提供的日卡路里占到了 30%~60%。[2] 世界上虽然有上千种香蕉，但大部分西方人只吃其中一种：华蕉（Cavendish）。我们能在杂货店的货架上、便利店和自助餐厅里找到这种甜美的“甜点”香蕉。华蕉也被称为“出口香蕉”，因为大部分华蕉并不是由原产地（热带地区）的居民消费的，而是被运往美国、加拿大、欧洲和其他地区。出口到美国、欧洲和亚洲的香蕉有 2200 万吨，大部分都来自拉丁美洲和加勒比地区。其中，很多香蕉都产自厄瓜多尔、危地马拉和哥斯达黎加，对这些国家来讲，出口业是仅次于旅游业的经济产业。[3]

农场和后院里还生长着不同种类的大蕉（Plantain，这种香蕉的淀粉含量更高，皮更硬），例如青香蕉（Matoke）、犀牛角蕉（Rhino Horn）。西非和中非有 100 多种不同的大蕉，这里有 7000 多万人把它们当作主食。[4] 小规模种植者和家庭农场主高达数百万，这种水果既能果腹，又能赚钱。据估算，每年约有 4 亿人参与香蕉的采摘、包装和种植工作，仅奇基塔、法菲斯、都乐、德尔蒙特等大型独立生产商雇用的工人就有数百万，[5]香蕉的消费量高达1000亿根，带动的全球产业价值为400亿美元。[6]

大家会觉得香蕉植株是一种树（木本植物），但它实际上是已知的最大的草本开花植物。香蕉是芭蕉属植物，它们的叶子呈纤维状，又大又长，从茎上散开，因此很有辨识度。香蕉长大后会开花结果，然后死亡。嫩芽是它们的繁殖体，新芽会从主茎的基部长出，因此，每代香蕉都是亲代克隆的产物。无论华蕉还是大蕉，它们通常都没有种子。从基因的角度来讲，50年来，我们吃的都是同一种香蕉。

当我们种下香蕉后，典型的华蕉会在七八个月后结果，具体情况与种植方式和产地有关。香蕉的花很大，形状古怪又显眼，它们的果实恰好从花里长出来，呈串状。垂下的香蕉串大的由几十只香蕉组成，小的由五六只（或更多）香蕉组成。人们一般会把它们摆在市场的收银台旁。当丰收季来临，一串完整的香蕉会有20~35公斤重，它是一种高产的草本植物。

香蕉是路易斯·波卡桑格雷（Luis Pocasangre）的毕生心血。地球大学（EARTH University）位于哥斯达黎加利蒙市，波卡桑格雷是该校的教授并担任着研究室的主任职务，他监管着439公顷的香蕉。波卡桑格雷从小在"香蕉共和国"——洪都拉斯长大，他说，在那里"香蕉无处不在，香蕉就是一切"。[7]就连他学习打球的网球场都属于奇基塔公司。因此，他自然而然地认为，要将自己的一生献给香蕉。香蕉种植是种非常国际化的产业。波卡桑格雷在德国取得了博士学位，在此之前，他曾在哥斯达黎加学习植物育种和生物技术，同时还在一家法国农业组织任职。后来，他与传奇科学家、香蕉育种家菲尔·罗维（Phil Rowe）合作。罗维在洪都拉斯的联合果品公司（United Fruit）工作了30多年，在这里培育出了美味的抗病香蕉，既能出口，又能烹饪。[8]波卡桑格雷现在种的就是罗维在地球大学研发出的几种杂交香蕉，同时，他还面向农村社区，给他们传播可持续农业和香蕉种植的知识。

面向市场的香蕉需要人们悉心照料，这也意味着要耗费大量的人力。波卡桑格雷果园里的香蕉果实上罩着亮蓝色的塑料袋，这能保护它们免受害虫的侵扰。很多昆虫和微生物都喜欢这种甜美的、富含淀粉的水果，例如线虫、蓟马、象鼻虫、甲虫、细菌和真菌。任何一种病虫害都会在香蕉上留下斑痕或污点，降低消费者的购买欲望。在传统的果园里，人们会用“毒死蜱”（Chlorpyrifos）之类的杀虫剂处理塑料袋内部。其中含有的化学物质是一种已知的神经毒素，因此，它们已经退出了某些市场。曾有人研究过商业种植园附近的居家儿童，该研究发现，他们已经接触到了这种潜在的、达到一定剂量的有害化学物。[9]由于种种原因，2021年，美国环保署禁止人们将“毒死蜱”投放在粮食作物上。地球大学的工人会用大蒜和洋葱油来处理这些袋子，于是，整个果园都弥漫着一股刺鼻的味道。除了塑料袋，工人还会在每排香蕉间塞上硬纸板，防止彼此之间出现划伤。穿梭在果园里的有轨电车挂满了大串的成熟香蕉，它们就像超凡脱俗的乘客，从田间来到了加工厂。进入加工厂后，工人会强力冲洗这些香蕉，并检查它们身上是否有瑕疵。他们先把已经枯死的“花”从香蕉的尾部剔除，然后香蕉就分开了，浮在大桶上，工人们再从中挑出最好看的香蕉，套上包装，贴上标签，以供出口。经过几十个工人的悉心处理后，香蕉才会最终到达消费者的手中。工人们将一箱箱的香蕉装到集装箱卡车里，然后送到美国、欧洲或其他地方。有些香蕉要经历一两个星期的颠簸，才能抵达目的地，然后被拆包，放在全食超市或奥乐齐超市，再贴上“可持续生长”（Sustainably grown）的标签。其余的便在当地销售。

波卡桑格雷的研究方向之一便是利用益生菌和一种木霉属的微生物来预防害虫（主要是线虫）。线虫以植物的根部为食，而常见的土壤真菌连同香蕉堆肥之类的土壤改良措施属于生物处理法，能有效应对线虫。治疗后植物的长势会更好，而未经治疗的植物则需要依靠竹竿的支撑，因为它们的根部无法承载自身的重量。还有一种办法便是喷洒农药。虽然生物处理法取得了良好的成效，但蕉农的思想比较守旧，他们抗拒改变，因此，很多人仍然沿用着传统的治疗方法——农药。[10]

地球大学的种植园被人为隔成了很多块大面积的试验田，波卡桑格雷和其他工作人员在这里研究水果种植的可持续方案。试验田之间隔着森林、野生动物生活区和河流。试验作物与本地植物穿插在一起，这种种植方式属于农业复合经营（Agroforestry），以替代大面积的单一作物种植。试验作物并没有占据每寸土壤，因此，病虫害无法轻易地在宿主之间进行传播。这种空间间隔能阻止真菌的传播，否则它们就能轻易地在植物的叶片、根、芽间进行扩散。地球大学的隔离带有些穿插着种植了木瓜树和香蕉，有些则将华蕉和其他香蕉品种种在一起，比如红马卡布和大蕉。

波卡桑格雷说道：“真正的香蕉种植区有 3000 公顷甚至 6000

公顷，而且中间不会设隔离带，因为单一作物种植的利润更高。”[11] 有些种植园甚至更大。绝大多数华蕉都是单一作物种植，因此，它们成了真菌的目标。

***

1个世纪前，一种名为“尖孢镰刀菌古巴专化型”的真菌几乎毁掉了香蕉产业。这种真菌（即Race-1株，实际上它们是不同的菌株）会引起巴拿马病或香蕉枯萎病。[12] 它们最喜欢的宿主并非华蕉，而是一种名为“大麦克”（Gros Michel）的香蕉。大麦克香蕉是人们发现的第一种“大香蕉”。自人们在东南亚发现它们之后，这个品种的香蕉就流行了起来。[13] 有位19世纪的法国博物学家对它们印象很深刻，就把大麦克香蕉带到了马提尼克岛。一位法国植物学家又把它们从那里带到了牙买加。它们在这里的长势很好，外面又裹着厚实的黄色果皮，因此便于运输。大麦克香蕉会在船上成熟。几十年后，大麦克香蕉已经在中美洲加勒比海岸的农场里出现。

19世纪末，成捆的大麦克香蕉来到了新泽西州、费城和波士顿的港口。美国人发现了这种新水果，并爱上了它。大麦克香蕉物美价廉，很快，“科德角”号（Cape cod）的船长和波士顿杂货店的工人就发现了这个商机。1885年，他们成立了波士顿水果公司，这是第一家商业香蕉公司，后来又改名为联合果品公司，1930年，该公司的价值超过2亿美元。约翰·索鲁里（John Soluri）的《香蕉文化》（*Banana Cultures*）和丹·科佩尔（Dan

Koeppel）的《香蕉》（*Banana*）中详细记载了该公司和其他公司早期的黑历史。[14] 虽然大麦克香蕉和其他香蕉一样，具有复杂的商业史，但它的农业史——蕉农怎么种，香蕉怎么长——却很简单。20 世纪初，大麦克香蕉已经在洪都拉斯、哥斯达黎加、巴拿马、哥伦比亚、危地马拉以及任何蕉农能获利的地方出现。1913 年，美国人均每年食用的香蕉量超过了 20 磅，联合果品公司的香蕉种植面积高达到 7 万公顷。[15]

人们已知的镰刀菌有数百种，大部分是生活在土壤中的无害腐生菌。镰刀菌会长出菌丝，以生物的残骸为食。Race-1 株是个阴险的杀手，没人质疑过这种真菌为什么能在大麦克香蕉园中传播：单一作物的不断生长使得土壤中布满了孢子。土壤在哪里，孢子就传播到哪里，植物上、吸盘上、工人的鞋底上、卡车的轮胎上、水流中、洪水里、飓风和台风中。除此之外，香蕉贸易中的植物碎片（包括叶子）也能把真菌带到远方。

公司对此作出的反应是砍伐原始森林，开辟新果园，在洪水退却的土地上种植被感染的香蕉嫩芽。洪水不仅溺死了致病真菌，也溺死了很多有益的土壤微生物群，因此，香蕉枯萎病展开了猛烈的报复。[16] 老的香蕉园就是这样衰败的。多年来，联合果品公司的科学家们一直在努力地寻找着合适的替代品，或培育出一种美味的抗病杂交香蕉，但均以失败告终。最后，公司不得不每年亏损数百万美元。[17] 这种真菌带来的巨大的损失，影响的不仅有联合果品公司，还有世界各地的蕉农，只要有大麦克香蕉出现的地方，就有它们的身影。蕉农只是不断地在不同的地方种植相同的东西，却要承担这一后果。

这当然会带来灾难性的结果。如果不是因为Race-1株偏好商业香蕉（它们的数量也因此受到了限制），那么整个香蕉产业将会毁于一旦。大部分香蕉都不会感染Race-1株，例如华蕉。早在半个世纪前，园艺学家就已经接触到了它们。这种香蕉在某个时间节点来到了毛里求斯，该岛一开始由荷兰控制，后来换成了法国，再后来又换成了英国（毛里求斯于1968年宣布独立）。华蕉于18世纪初到达该岛，英国园艺学家和医生查尔斯·特尔费尔（Charles Telfair）曾在他的花园里种了一些华蕉。19世纪20年代末，特尔费尔将这株植物样本寄回了英国，然后富有的珍奇动植物收藏家又将华蕉重新种回了花园。最终，华蕉在德文郡第六任公爵威廉·卡文迪什（William Cavendish）的花园里扎了根。[18]一个世纪以来，华蕉到访了南太平洋、埃及和南非的殖民地。

当时的美国还不太认可华蕉，因为他们有大麦克香蕉。即使在香蕉产业蓬勃发展的时候，人们也认为华蕉比大麦克香蕉娇弱。大麦克香蕉便于运输，能一捆捆地扔到船上。而华蕉则不同，它们很容易被擦伤，必须装在箱子里。还有人觉得它们的口感不是很好。尽管如此，虽然华蕉的外观和口感都一般，但它们能抵抗真菌。整个香蕉行业在不得已的情况下做出了改变，他们改变了采摘和运输过程，戴上了羊皮手套，只为给消费者提供品相完好的香蕉。几十年里，果园开始大面积地种植华蕉，它们逐渐取代了大麦克香蕉。20世纪中叶，联合果品公司更名为“金吉达”（Chiquita），并推出了同名歌。[19]1990年，公司再次更名为金吉达国际公司（Chiquita Brands International）。作为一家全球性的香蕉生产公司，它仍然是美国最大的香蕉分销商之一。现在，金吉达和其他公司一样，正面临着新一轮的枯萎病。这次是一种具有高侵略性的真菌，被称为“热带 4 号”（Tropical Race 4，也叫作 Fusarium odoratissimum），简称为 TR4 株。[20] 这种真菌与 Race-1 不同，它们会感染华蕉。用克普勒的话来说，香蕉业早就想到了会有这样一天。然而，他们通过无限的单一作物种植（一种变相的传播），将真菌邀请到了餐桌上。

***

香蕉枯萎病（病原菌无论是 Race-1 株还是 TR4 株）是土壤传播性疾病。当植株被感染后，周围的土壤里会布满厚壁孢子。新植株在此生根时，孢子就会萌发。纤细的菌丝会穿过植株的根和茎，随着真菌菌丝的不断生长，植物体内运输养分和水分的维管结构被堵塞，最终导致主茎破裂。当真菌在扼杀植物时，植株的老叶会变黄，茎秆会枯萎。[21] 在植株完全枯萎前，真菌会不断地繁殖，在香蕉园内传播下一代孢子。镰刀菌和其他真菌一样，会释放出不同类型的孢子。有些孢子在遇到宿主前无法长时间存活，例如小分生孢子和大分生孢子。厚壁孢子由菌丝产生，具有一定的抵抗力。它们能在土壤中存活数年（早在几十年前，波卡桑格雷就曾说过），这在一定程度上解释了为何移走最后一株香蕉后，真菌还能在土壤中存活那么久。没有香蕉，真菌还会在其他植物中生存，但不会引起疾病——这增加了它的持久性。当有些真菌感染了水果和蔬菜后，这片土地过一段时间（几个季节后）就能重新种植，但香蕉枯萎病却不行。除了清除香蕉园中所有被污染的土壤，再没有别的办法；要不就得用水淹没香蕉园，溺死孢子。[22]

自从TR4株出现后，它们已经摧毁了世界各地数百万公顷的华蕉。CNN发布了一篇有关这种真菌的报道，名为《为什么香蕉可能会（再次）灭绝》；[23]而《纽约客》（*New Yorker*）和《纽约时报》则以20世纪20年代的老歌《是的，我们没有香蕉》为标题，其灵感来源于第一次镰刀枯萎病。

1967年，人们首次在东南亚的华蕉种植园里发现TR4株，据推测，它们可能来自印度尼西亚的苏门答腊岛，通过进口感染植物造成了疾病的扩散。[24]几年后，受到影响的地区政府颁布了紧急措施，要求清除并摧毁已感染的植株和附近的植株。这是一项劳动密集型工作，很多人只是简单地拔掉或剪下了植株，把它们扔在地上任其腐烂。雨水和灌溉水带走了孢子，给真菌带来了传播的机会。[25]在接下来的几十年里，它们扩散到了其他种植香蕉的国家。[26]2019年，人们在哥伦比亚发现了它。TR4株已经扩散到了中美洲。[27]

要想走在疾病大流行之前，或是阻止下一次大流行的爆发，就应该了解病原体的扩散方向和扩散方式。格特·科玛（Gert Kema）是荷兰瓦赫宁根大学（Wageningen University）的植物病理学家，追踪TR4株的扩散轨迹是他所在实验室的一个项目。他们通过真菌DNA的测序工作，在时间和空间上找出基因组中的微小变化，就像追踪面包屑一样。截至2021年秋天，他们已经对亚洲、非洲和其他地区的大约2000种TR4株进行了基因分型，对100种不同的TR4株进行了测序。虽然科马实验室没有确认哥伦比亚菌株的确切来源，但据推测，这种真菌穿过了中东，从黎巴嫩来到了约旦和以色列。[28] 另一组科学家则认为，哥伦比亚菌株可能来自印度尼西亚。[29]

科玛认为，无论 TR4 株在哪里传播，真菌孢子都会像以前一样，以工业设备或工人的靴子为媒介，将“患病”的土壤从一块大陆带到另一块大陆。[30] 科学家们努力地拯救作物，他们的愤怒显而易见，因为只要控制真菌通过土壤传播，就能起到预防作用，比如将穿过的靴子和衣服留下来，对农业机械进行清理。一旦真菌进入土壤，就没有根除的希望了。最令人沮丧的是，当 TR4 株感染香蕉后，受影响的不仅仅是作物和蕉农。[31]

路易斯·波卡桑格雷认为，这种真菌“是一个社会性问题，它会影响到每一个人。银行、生产商、成千上万块土地、包装厂的工人、科学家、消费者——每个人”。仅哥斯达黎加，直接受雇于香蕉产业的工作人员就有 4 万人，还有十几万与之间接相关的服务人员。[32] 2014 年，在这种真菌登陆中美洲的几年前，哥斯达黎加前农业部部长曾对《独立报》（*Independent*）说：“一旦 TR4 株入侵香蕉产业……我们将损失 8.8 亿美元的出口额。随之而来便是穷困、失业、毒品和犯罪行为。”[33] 波卡桑格雷在谈到当前流行的 TR4 株时说道：“人们陷入了恐慌。”香蕉具有非凡的意义：它们不仅是食物，是巨大的工业财富，对很多人来说，它们还是一种谋生手段。埃克塞特大学的萨拉·古尔（Sarah Gurr）在研究疾病对粮食和经济作物的影响以及两者之间的关系，她赞同波卡桑格雷的观点。“很多发展中国家几乎完全依赖咖啡和香蕉等经济作物，靠出售它们换购粮食。比如哥伦比亚依靠咖啡换购粮食，海地依靠香蕉换购粮食，还有小麦、大米和玉米。”[34]

每个人的生活都会不同程度地受到 TR4 株的影响，它正威胁着一个年出口量高达 2200 万吨的水果行业。一旦作物歉收，我们将会失去最爱的早餐水果。或许我们该拓宽自己的味蕾，接受其他抗性品种的口感，但数百万人也会因此而失去生计。真菌的故事触及一个巨大的全球产业性问题，即香蕉行业一直与单一的克隆体结合在一起，没有备选方案。虽然我们还未确定香蕉的未来，但改变已然到来。

香蕉枯萎病主要影响香蕉的出口，这已经够令人头疼了，但其他真菌也会引发香蕉疾病，因此 TR4 株等引起香蕉枯萎病的真菌既不是影响香蕉产业的唯一真菌，也不是主要的真菌。在众多威胁粮食安全的疾病中，如果硬要对危害程度进行排序的话，那么，排在首位的应该是黑条叶斑病。斐济假尾孢菌是该病的致病菌，20 世纪 60 年代，人们在东南亚首次发现了这种真菌。它们和枯萎病的致病菌不同，斐济假尾孢菌的孢子能通过空气进行传播，因此，孢子能从一个农场传播到另一个农场，农民只能眼睁睁地看着它们落在自己的作物上。当孢子落在香蕉叶上后，在水分充足的情况下，几个小时就能萌发。菌丝会通过气孔侵入植物组织来寻找食物，这点和其他真菌一样。真菌通过气孔在植物的叶片细胞中穿梭，然后再通过气孔出来。当叶片枯萎后，植物的能源就会枯竭，因此植物的产量也会随之下降。即便是枯死（枯黄）的叶片，也能释放数百万颗孢子，有些会随风扩散 100 多英里。黑条叶斑病的致病孢子不仅高产，还能进行有性繁殖，有人甚至会说它们“性欲旺盛”。这意味着当它产生数万颗孢子时，就会带来巨大的遗传多样性。[35] 黑条叶斑病与枯萎病不同，它们既能感染华蕉，又能感染大蕉。

如果说这种病给人们留下了什么可挽回的余地的话，那就是它们具有可控性，人们能通过修剪枝叶、喷洒杀菌剂的方式来控制它们。修剪已感染的枝叶能从物理角度阻止孢子的传播。但对于大型香蕉园或真菌繁茂的地方，这样做还远远不够。在真菌较多的地方，飞机大约每 5 天就会向植物投放一次杀菌剂，有些作物甚至要靠 60 种或更多的药物才能度过生长季。[36] 由于没法弄到杀菌剂或者成本太高，很多自给自足的蕉农都不会用杀菌剂，因此，真菌的控制变得棘手起来。当香蕉患病时，如果他们不喷洒农药或修剪枝叶，就会减产 30%~80%。[37] 但小型种植者也会做一些大型华蕉种植园不会做的事。他们会种植很多不同品种的香蕉，进行农业复合经营。真菌的生长离不开阳光，当他们模拟香蕉的野外生长环境时（即在高大树木的树荫下生长），黑条叶斑病就无法大规模传染。

香蕉产业还与黑条叶斑病的“亲戚”有关。从 1910 年起，黄条叶斑病就开始在香蕉种植园蔓延，这种病由香蕉假尾孢菌引起，因病症呈现为黄色斑点而得名。[38] 与巴拿马枯萎病相比，它们更易管理。人们会将感染的植物浸泡在当时常用的杀菌剂里，即含铜波尔多液。因为真菌就在叶片上，很容易接触到，而且杀菌剂混合物会粘在叶片上，所以喷雾处理非常有效。但这项工作的工作量很大，耗费的人力也较多，相对比较杂乱。工人们拖着含铜的混合杀菌剂在广阔的田地里走来走去，对着植物手动喷洒数百加仑的液体，一个季度喷洒几十次。采收后，香蕉上沾着残留的铜，工人会把它们浸泡在大桶的酸中，然后再用水冲洗。[39] 当美国和其他地方的消费者在享用香蕉时，工人们却在经历磨难。[40] 史蒂夫·马夸特（Steve Marquardt）是劳工活动家、华盛顿大学的历史学家，他描述了叶斑病给工人带来的伤害。硫酸铜会积聚在工人的皮肤和衣服上，“最后形成一层有毒的蓝绿色外壳”。[41] 即便几个月后，他们不再从事这份工作，他们的妻子和家人仍会发现，“长尾小鹦鹉”① 的皮肤黏膜是绿色的，他们仍在排出绿色的汗水。他们患有一种被称为“喷雾器肺”的疾病，症状类似于肺结核，属于慢性的致命性疾病。

1942 年，联合果品公司的工人给哥斯达黎加的总统——拉斐尔·安赫尔·卡尔德隆·瓜迪亚（Rafael Ángel Calderón Guardia）写了一封信，信中写道，“工作让我们感到很不适，喷完农药我们就会头痛、夜间咳嗽、视力不好，这些症状都很常见，也就是说，我们的视力、大脑和肺部都受到了影响，大家成了肺结核的易感对象”。[42] 整个 20 世纪 50 年代，种植园都在雇用工人喷洒农药，直到 1958 年才停止。多年来，哥斯达黎加在喷洒了数百公斤的铜后，给这里的土壤带来了长久的影响，有些土地甚至再也无法种植香蕉。

第二次世界大战后，种植者和消费者都能买到新的农药，例如含氯杀虫剂 DDT 和毒杀芬，新型杀真菌剂如代森锰锌和苯甲酰也上市了。它们虽然比较好用，但毒性比铜更大。代森锰锌是

---

① 这里的“长尾小鹦鹉”指工人，因为他们的皮肤和衣服都呈绿色。——译者注

香蕉行业中最早出现的可替代农药之一，它们会破坏真菌体内参与代谢过程的酶，从而杀死真菌。以苯甲酰为基础的杀菌剂于20世纪60年代末问世，它们会干扰细胞的分裂。这两种杀菌剂对人类和野生动物都有危害，并与先天缺陷有关。代森锰锌还会对神经系统起到干扰作用。[43]在使用这些新型杀菌剂后，仅仅过了10年，有些靶向真菌就显示出了耐药迹象。20世纪80年代，一种新型杀菌剂开始流行起来，即唑类或三唑类杀菌剂。有些酶会参与真菌细胞膜的构建过程，而这些化学物质则会抑制这些酶。这种机制与唑类抗真菌药物的作用机制相同，后者通常用于治疗人类的真菌感染。由于一些农业环境使用了这些杀菌剂，人类真菌病原体也出现了耐药性。最近人们发现了二者间的联系。[44]

尽管现在杀菌剂的使用和实施条件安全了很多，但对香蕉工人和生活在大型商业种植园附近的人来说，大剂量的农药仍然是一个问题。[45]杀菌剂的持续使用，外加大量的孢子和真菌基因的多样化，二者组合在一起，就产生了抗药性，这反过来又加大了杀菌剂的用量。我们使用的化学药物越多，我们所“选择”的微生物就越多，它们都是在这些药物中进化筛选出来的。这就像一台化学跑步机，种植者永远无法赶上。

***

2015年，著名的保险公司——伦敦劳埃德保险公司（Lloyds of London）构想了一个“缺粮”情景（Food Shock），即全球四大作物产量下降会带来什么。气候变化加剧了旱涝灾害，除此之外还有大规模的真菌流行，包括茎锈病和一种侵袭大豆的锈病。他们设想了最坏的情况，粮食产量的不稳定可能会带来恐怖主义、政治不稳定、食物暴乱，以及一系列的“经济、政治和社会影响”。[46]这是一个典型的反乌托邦电影脚本，但真菌对农作物带来的影响并不是科幻小说，它有可能影响到我们每个人。水稻养活了半个地球的人口，小麦的种植面积也大于任何一种农作物，谷物至少为45亿人提供了大约20%的能量和蛋白质。[47]虽然小麦、水稻和玉米属于重要的主食作物，但它们都或多或少地受到了真菌的威胁。

自从农业出现以来，小麦就一直深受锈菌的困扰。1万多年后，我们依然被锈病所困扰，因为依赖小麦的人口越来越多。1999年，人们在非洲的小麦上发现了一种名为Ug99的剧毒锈菌。很多人都担心它们会扩散到全球。格尔说，Ug99菌株只是“大故事里的一个小篇章”，[48]还有成千上万种小麦秆锈病，以及其他小麦真菌病。例如，在20世纪80年代的某个时候，一种名为稻瘟病的疾病在小麦中传播。格尔和她的同事推测，大规模的水稻单一种植为真菌提供了进化的机会，让它们得以感染新宿主：小麦。[49]虽然单一栽培存在这些问题，但格尔并没有看到出路。“我们只能装作很有希望”，她说，[50]地球人口在不断增长，如果我们想要提供足够的粮食，“单一栽培是唯一的途径”，但这意味着真菌大流行将继续威胁我们的农作物。

第5章 | 夜晚

我居住在马萨诸塞州的蒙塔古镇（Montague），每到夏季，这里的人们就会观察蝙蝠，这项传统至少已经延续了半个世纪。最常见的蝙蝠当属鼠耳蝠（myotis lucifugus，myotis 代表老鼠的耳朵，lucifugus 代表远离光明）。这些小蝙蝠长着圆溜溜的耳朵，光滑的皮毛。黄昏时分，邻居们漫步在古老的公理会教堂，向二楼的阁楼里张望。毫无疑问，蝙蝠马上就要出来了。一开始，一只蝙蝠慢慢地从屋檐上掉下来，眨眼间就冲向了夜空，然后陆陆续续又飞出两三只。片刻后，蝙蝠的大部队会从这座建筑中涌出来，消失在茫茫夜色中。成百上千只小棕蝠从栖息地飞出，不断地在空中上下翻转，旨在捕捉飞蛾、甲虫和其他昆虫，它们是空中生态系统的夜行猎人。教堂里聚集着怀孕的雌性蝙蝠，它们会在春天来到这里，分娩并养育后代；秋天是交配季，它们会在此时储存精子，在冬眠前做好一切准备。

当天气变暖后，昆虫就开始泛滥了。蝙蝠妈妈在外出觅食时，幼崽会紧紧地抓住飞行中的妈妈。小棕蝠每天消耗的食物量约是自身体重的三分之一到二分之一，有时会吃掉成百上千只飞虫，大约有 1 盎司[①] 的重量。进食前，它们会撕下猎物的翅膀和其他部位的组织。摄入的营养物质要么转化成皮下脂肪，要么转

① 1 盎司约等于 28.35 克。——编者注

化成乳汁，其余的则以粪便的形式排出体外。整个夏季的夜晚，蝙蝠都盘旋在人们的头顶，它们在夜间的捕食量极大，几百吨乃至几千吨的飞蛾、甲虫和蚊子都会成为它们的食物。这便是每年整个大陆上小棕蝠的捕食量。[1]

当天气逐渐变冷，昆虫销声匿迹后，蝙蝠就会寻找一处洞穴或矿井，将其作为冬眠地。这里温度适中，天敌较少，里面还有水洼。埃俄罗斯（Aeolus）洞穴位于佛蒙特州的东多塞特，坐落在塔科尼克山脉的斜坡上，这是东北部最大的洞穴之一。蝙蝠科学家每年冬天都会去蝙蝠冬眠地实地走访一次，并记录它们的数量，这样才能密切地关注蝙蝠物种的变化。当科学家进入洞穴后，为了避免打扰到它们，他们会非常小心。据估算，几十年来，每年冬天在埃厄勒斯洞穴里过冬的蝙蝠都有几万或数十万。该洞穴距蒙塔古大约有 70 英里，夏天住在教堂里的蝙蝠很可能会在这里过冬，与成千上万只的蝙蝠倒吊着挤在一起。

但从十几年前起，蝙蝠的身影开始逐渐消失。有传言说教堂清理了阁楼，堵住了它们的入口。但真相并非如此。其实，它们是被一种名为白鼻综合征的疾病杀死的，先是一只一只地死，随后便是一群一群地死。蝙蝠的鼻子很像老鼠，患病后，它们的鼻子上会出现白色的“雾气”。这种疾病是由锈腐假裸囊子菌引起的，它们正在“追杀”北美蝙蝠。

哺乳动物中很少出现致命的真菌感染。已知的真菌有数百万种，其中能适应蝙蝠或人类体温的只有几十种。大多数哺乳动物的体温都很高，然而众所周知，现代的医疗干预可能会造成免疫力的衰减，因此，人类越来越容易被真菌感染，有些真菌甚至能在我们体内存活。虽然如此，能耐受高温的致病真菌病原体并不多。我们和大多数哺乳类动物一样，一年四季都维持着恒定的体温，但蝙蝠和我们不同。小棕蝠需要冬眠，当它们冬眠时体温会下降，而白鼻综合征正是利用了它们生活习惯中的这个漏洞。

2007 年以来，白鼻综合征已经杀死了数百万只蝙蝠，包括小棕蝠、大棕蝠、北方长耳蝠、三色蝠，还有已经濒危的印第安纳蝙蝠。它们都是冬眠物种。美国各地乃至加拿大的蝙蝠洞、钟楼、阁楼和谷仓都被这种流行病席卷了。[2] 这些损失引人深思。在白鼻综合征未出现之前，东部小棕蝠的数量高达数十万只，现在最多只有数万只。它们与三色蝠及北方长耳蝠一样，90% 的种群死于白鼻综合征。[3]2015 年，北方长耳蝠被列入《濒危物种保护法》。某些种群无法继续维持，我们正在因为真菌而失去蝙蝠。

***

翼手目的动物以手为翅膀，在已知的哺乳动物中，翼手目动物占到了四分之一。蝙蝠属于哺乳动物中不太常见的可以飞行的动物。大约 6000 万年前，蝙蝠的手指骨和皮肤进化成了翅膀。如果你展开蝙蝠的翅膀，就会发现，它们的每一根骨头和关节都与你手部的骨头和关节相对应。蝙蝠的翼膜从拇指延伸到了每根手指之间。它们的后腿和尾巴间还覆盖了一层膜。这些特征为蝙蝠提供了飞行能力，膜和纤细的手指结合在一起，极大地提高了蝙蝠的灵活性。蝙蝠在飞行过程中会扇动翅膀，假如你用慢镜头回放这个过程，就会发现它们的动作非常迷人。如果你曾观察过蝙蝠的夜间捕食过程，就能感受到它们的迅猛和灵活，听到它们掠过头顶时发出的嗖嗖声。最特别的是，蝙蝠的捕食和飞行都依赖于回声导航。就像船只和海豚使用的声呐一样，我们无法听到它们发出的声波，但这些声波一旦遇到猎物和障碍物就会反射，这样，蝙蝠就能捕捉到它们。

通过回声定位，小棕蝠不仅能捕食昆虫，还能在屋顶、电话线、田野和树木间飞行。它们的耳朵是一个重要的器官，和其他脊椎动物一样，是由外耳、中耳和内耳组成的极为复杂的结构。我们的说话声、小狗的叫声以及蝙蝠发出的声音都能引起空气的振动，然后它们再以波的形式传播，最后与耳朵里的骨骼、皮肤和神经相互作用。声音进入外耳道或耳郭后，会沿着漏斗状的耳朵流向中耳的鼓膜。中耳里有 3 块小骨头，分别是砧骨、镫骨和锤骨，它们负责调节并传递这些声音振动，将其传入内耳。内耳形似蜗牛，能将声音传递到大脑。大多数人听到的声波范围为 20~20000 赫兹，小提琴和短笛发出的声波为 3500~5000 赫兹，而大号的频率则较低，为 40~375 赫兹。虽然人耳的声波范围能让我们欣赏到美妙的管弦乐，但与猫、狗、白鲸和蝙蝠等物种相比（它们的声波上限高达 10 万赫兹），我们所能听到的声波是极其有限的。小棕蝠发出的（接收的）声波在 4 万 ~8 万赫兹之间，大棕蝠的回声定位在 25000~65000 赫兹。[4] 将它们的声波放慢，降低到人类的听力范围，我们就会发现，蝙蝠的声音就像小鸟的叫声。两种蝙蝠发出的声音高达 110 分贝，如果我们能听到的话，这相当于一首由手提钻演奏的交响乐。这个分贝的音量即使对蝙蝠也会造成一定程度的损伤。但蝙蝠的耳朵里有一小块肌肉，它能夹住耳骨，一秒内开关几十次，防止自己发出的声音损害到耳朵。

大部分蝙蝠都以昆虫、水果和花蜜为食。有些蝙蝠会吃肉，例如鱼、青蛙、小型啮齿类动物、鸟类和其他蝙蝠。还有少数吸血蝙蝠会吸食动物的血液，例如鸡、打瞌睡的猪和牛等，这些动物比其他动物更容易接触。吸血蝙蝠的鼻尖上有热传感器，主要用于定位吸血对象皮下的血液。这些血液中可能含有致病微生物及高浓度的铁元素，而吸血蝙蝠的基因组和它们体内的微生物组都已经适应了这种饮食习惯，因此它们能在饮用血液后存活下来。[5]

有数百种蝙蝠都定居在中美洲和南美洲，其中就包括吸血蝙蝠。大黄蜂蝙蝠只有指尖大小，它们生活在泰国，是已知最小的蝙蝠。金冠飞狐是世界上最大的蝙蝠之一，它们以水果为食，翼展可达 5~6 英尺长。[6]它们和其他 50 多种蝙蝠一起被列为濒危物种，早在白鼻综合征出现之前，很多物种的种群数量就已经开始减少了。

北美蝙蝠共有 47 种，大约有一半的蝙蝠都会迁徙。银毛蝠身披白色的毛发，夏天栖息在树洞里，冬天则向南迁徙。从阿拉斯加到墨西哥都能看到它们的踪影。其余的蝙蝠冬天会在洞穴和旧矿井里冬眠，春夏则会栖息在教堂、阁楼或树上。北方长耳蝠（它们和小棕蝠一样都属于鼠耳蝠）在天气暖和的时候会挤在树皮下或洞穴里，冬天则会冬眠。大棕蝠可能会和小棕蝠一起倒挂在阁楼或谷仓的巢穴里。它们以及其他几百种蝙蝠都属于夜蝠，其习性是昼伏夜出。还有一些蝙蝠从名称上就能看出其特点，如叶鼻蝠、无尾蝠、怪脸蝠和吸盘足蝙蝠。当我们看到它们的时候，只能想到这是一只“蝙蝠”，但它们比我们想象的更奇怪、更有趣。

***

托马斯·昆兹（Thomas Kunz）是世界著名的科学家，在波士顿大学任教，21 世纪初，乔恩·莱卡德（Jon Reichard）成了他的博士研究生。昆兹是大家口中的“蝙蝠侠”，他是一位知识渊博、精力旺盛、富有创新思维的研究人员，他的所有研究都与蝙蝠有关，生理学、生态学、保护学，还有大气生态学，他曾研究过生物在空中如何与它们所处的流体环境相互作用。昆兹和学生们的研究有助于加深大家对动物的了解，其实人们并不太了解它们，也很难对它们进行现场研究。[7] 莱卡德研究了得克萨斯州的墨西哥游离尾蝠，它们极富魅力，有人说它们是地球上最快的动物。[8] 墨西哥游离尾蝠成群地栖息在得克萨斯州奥斯汀的国会大道大桥下，数量高达几百万只。这是全国最大的城市蝙蝠聚集地，吸引着来自世界各地的游客。黄昏时分，蝙蝠群宛如绵延不断的溪流从桥上沿着伯德小姐湖飞出，游客们为了目睹这一奇观，纷纷聚集在一起，有的人乘坐皮划艇，有的人乘坐独木舟，有的人乘坐游船，有的人则站在岸边。莱卡德针对生活在得克萨斯丘陵洞穴中的蝙蝠进行了温度信号和热量损失的测量。鉴于当时的技术，人们很难在不干扰蝙蝠的情况下完成测量任务，因此，他使用了热传感摄像机，在当时这属于一种新型设备。研究生毕业后，他觉得自己或许可以研究蝙蝠在飞行过程中的温控机制（飞行过程中，体温会升高），尤其是那些会长途跋涉的迁徙蝙蝠，例如游离尾蝠。或许他还能研究东北地区的蝙蝠，观察它们摄入的昆虫量是否能实现保护当地作物的目的，例如苹果或蔓越莓。

2007 年冬天，莱卡德正忙着写自己的毕业论文，此时，昆兹的实验室接到了一个电话。电话那头反映，在纽约的一个洞穴里，蝙蝠的表现异于常态，因此希望他们前去勘察，并提醒莱卡德带上他曾在得克萨斯州使用过的热传感摄像机。侯氏洞（Howe cave）位于纽约的奥尔巴尼附近，去年冬天，有位洞穴探险者曾在此处探险，他惊讶地发现，蝙蝠竟然会在冬季的白天活动，这很反常。几个月后，附近的 3 个洞穴及矿井里都出现了死蝙蝠，很多尸体上都点缀着白色的真菌。它们的死因是个谜，此时大家并不知道真菌会杀死蝙蝠。这个发现既奇怪又令人不安，但很多人都希望这是个一次性事件，只影响几个洞穴就好，虽然对这些蝙蝠来说是一场灾难，但至少是个局部性灾难。第二年冬天，生物学家来到了奥尔巴尼南部的洞穴和矿井，结果发现满地都是死蝙蝠。[9] 这次他们惊呆了。活着的蝙蝠处于迟缓状态，虽然这是冬眠期间生理活动减缓的典型状态，但也很奇怪。研究人员的调查会干扰到这些蝙蝠，它们会被短暂地吵醒，但都没有动。科学家们震惊了，他们叫来了昆兹和莱卡德及其他专家，也许体温会为这种反常的迟钝提供一些线索。因此，莱卡德带着他的相机出发了。到达现场后，他看到了令人震惊的一幕，这些他曾想研究的蝙蝠，现在要么死了，要么很快就会死去。

也是这一年的冬天，莱卡德参观了佛蒙特州的埃俄罗斯洞穴（Aeolus cave）。“地上散落着成千上万只蝙蝠的尸体，墙壁上挂着死蝙蝠，生病的蝙蝠簇拥在一旁。洞里的蝙蝠有的被冻在冰里，有的在雪地里爬来爬去，可能是想喝水。在洞穴的入口处，一只山雀正在吞食蝙蝠。”[10] 其他科学家说，洞穴里闻起来有死亡的味道，老鼠也在啃食奄奄一息的蝙蝠，这些蝙蝠病得很重，根本无法抵御它们的啃食。[11] 这种疾病首次出现的时候，带走了大量的蝙蝠，生物学家在震惊之余，还感到心痛。昆兹曾对新英格兰附近的有孕雌蝙蝠聚居地进行了几十年的研究，此时这里却变得寂静无声。莱卡德和当代的蝙蝠科学家们正从事着一项他们从未想过的工作：要么拯救这个曾经丰富多样的物种，要么记录它们的毁灭。

小棕蝠的正常体温与人类的体温相差不大，在 35℃ ~38℃之间。冬眠期间，它们的体温会降低到 4℃ ~10℃，这几乎和洞穴里的环境温度相同。此时，蝙蝠的新陈代谢已经降到了只能维持生命系统运转的水平，心率从之前的每分钟几百次降低到现在的每分钟几十次（最多）。它们的呼吸频率也降低了，几乎每小时只呼吸一次。冬眠让蝙蝠在冬季里储蓄能量。但是每隔 10~20 天，冬眠的小棕蝠就会醒来，它们会来来回回飞几圈，喝点水或排泄粪便，此时它们的体温也会升高。蝙蝠甚至会在这个时候小憩一会儿（冬眠时的睡眠质量与正常情况下的睡眠质量无法相比）。蝙蝠每醒一次，就会燃烧一些储备的脂肪，这很正常。几千年来，蝙蝠已经进化出一套季节性节律：夏季增肥，冬季冬眠。为了顺利度过冬季，它们平均会增加 2 克的重量。这种生理和行为上的平衡，能确保它们在食物稀缺的情况下度过寒冷的冬季。虽然这是一条充满艰辛的道路，但与其他小型哺乳类动物相比，蝙蝠的寿命还算长。小棕蝠的平均寿命为 6~7 年，有些老蝙蝠甚至能活 30 年以上。至少在真菌出现之前是这样的。

白鼻综合征由一种嗜冷真菌引起，当温度下降到 4℃ ~20℃ 时，它们就会茁壮成长，这个温度对我们来讲已经很低了，更别说真菌。它们会在冬眠的蝙蝠体内大量繁殖。蝙蝠很可能在冬天返回洞穴时就受到了感染，也许是饮水时在洞穴的地面上沾到了孢子，或者在洞穴的墙壁上沾到了孢子，抑或在冬眠前轻触其他蝙蝠时沾上了孢子。锈腐假裸囊子菌会释放出分生孢子，它们与显微镜下的葛缕子种子相似。真菌以角蛋白为食，而皮肤中富含角蛋白。孢子在萌发时会释放出溶解皮肤的酶，通过显微镜观察，定植着真菌的蝙蝠翅膀上覆盖了一团菌丝，这些菌丝缠绕在毛干上，就像蔓生的杂草扼杀了花园里的花朵。[12] 蝙蝠的翅膀受伤了，直到最后，蝙蝠的皮毛就像一件彻底被虫蛀坏了的毛衣。这些伤害干扰了蝙蝠的电解质平衡，造成了脱水。感染后的蝙蝠更容易从冬眠中惊醒。[13] 它们皮肤上的菌丝会长出额外的内壁，即隔膜，从而让菌丝碎片变成分生孢子，然后像卷纸一样，一片片地脱落。孢子和菌丝都能在蝙蝠之间传播。当蝙蝠离开洞穴后，孢子和菌丝依旧会留在墙壁和地面上，它们会熬过春季和夏季，一直等到蝙蝠再次返回这里。虽然没人知道孢子能在没有宿主的情况下存活多久，但科学家认为，它们能存活好多年。食腐菌是真菌的亲戚，它们以尸体为食。在蝙蝠活动期间，它们的皮肤或毛发有可能落到地面上，于是，这些菌丝就以它们或昆虫的尸体为生。

冬眠状态下的患病蝙蝠惊醒的频率越来越高，这加大了它们的体能消耗。科学家尚未完全了解其中的奥秘，但当它们捕猎和抚育幼崽时，却变得很虚弱。春天来了，有些幸存者可能会离开洞穴，但它们随后就会死在外面。还有一些则会因体能受限而丧失生育能力。

虽然冬眠为真菌提供了一个入侵的机会，但蝙蝠并非对它们毫无抵抗力。蝙蝠的免疫系统即便不独特，也属于发达型。它们和其他哺乳动物一样，得益于这个强大而又复杂的免疫系统，该系统能迅速地作出非特异性反应，同时还做好了应对未来感染的准备。蝙蝠与其他哺乳动物不同，是很多病毒的载体，也因此臭名昭著。[14] 为什么会这样呢？它们的免疫系统是如何与病原体相处的？当致病真菌感染皮肤时，蝙蝠的免疫细胞会聚集在病原体周围，引发级联反应①。但人们尚不清楚冬眠状态下的蝙蝠的免疫反应。早期，曾有人研究过其他种类的冬眠动物。在正常情况下，那些最先作出免疫反应的细胞会在冬眠时被抑制。有一项研究表明，虽然 B 细胞和 T 细胞是产生抗体的细胞，但它们可能会在冬眠时被隔离，不参与血液循环。[15] 玛丽安·穆尔（Marianne Moore）是一位生态免疫学家，也是昆兹团队的一员。她说从冬眠的蝙蝠体内提取的血液样本中很难找到免疫细胞，但在活跃季节，它们的血液中通常会有数百个免疫细胞。[16] 处于冬眠状态下

① 级联反应，指一系列连续事件，前一种事件能激发后一种事件。——译者注

的蝙蝠会关闭自身体内的部分免疫反应。有迹象表明，蝙蝠间歇性的觉醒会让它们产生炎症免疫反应，但对于白鼻综合征来说，这些免疫反应显然不够。[17]摩尔认为，冬眠的蝙蝠可能抑制自身的免疫系统，从而达到节约能量的目的，这种观点有一定的道理。在正常情况下，冬眠的群体就像身处一个巨大的隔离舱，几乎没有机会接触到任何新的病原体。大多数侵入哺乳动物的病原体都需要借助宿主的体温，因此，处于冬眠状态下的动物通常不是一个理想的宿主。当蝙蝠醒来时，免疫系统就会恢复常态。[18]如果蝙蝠的翅膀上沾满了真菌，就像白鼻综合征一样，这种情况就有可能引发另一个问题。

几年前，有研究人员曾指出，在蝙蝠从冬眠状态中苏醒后的几天或几周内，它们会出现一些特别严重的翅膀损伤，此时它们的免疫系统会复苏，体温会飙升。研究人员记录了蝙蝠溃烂的翅膀，此时的它们连飞行都无法做到，就更别提捕猎了。但有时，人们会在离冬眠地较远的地方发现蝙蝠。科学家推测，这种损伤可能并未出现在洞穴里，而是出现在免疫系统启动之后——一种反弹反应。[19]几十年前，人们曾在艾滋病患者中观察到了相似的情况。这种情况被称为免疫重建炎性综合征（Immune Reconstitution Inflammation Syndrome, IRIS）。[20]斯图尔特·莱维茨（Stuart Levitz）曾在其职业生涯的早期阶段与艾滋病患者有过交集，他不但目睹了抗逆转录病毒药物的兴起，对这种综合征也较熟悉。他说，感染了隐球菌的艾滋病患者的大脑中可能存在大量的真菌，“每克脑脊液中有数百万个真菌”，但这位患者可能没有症状。不过，一旦开始了抗逆转录病毒的治疗，免疫系统恢复后，他们就可能经历一场免疫风暴。这是对整个免疫系统的冲击。他的结论是，这种真菌并没有造成损害（但假如不及时治疗，它们最终会产生症状并夺走患者的生命），它们只是快乐地生活在患者的大脑里。当免疫细胞重建后，损伤也就出现了。我们已经了解了人类体内这一过程的先后顺序，即患者会先清除感染，然后在接受抗逆转录病毒药物的治疗后恢复免疫系统。[21] 但是，被感染的蝙蝠却没有选择这样。

这种小棕蝠曾是非洲大陆东部最常见的蝙蝠，现在却被加拿大政府和国际自然保护联盟列为濒危物种（美国尚未作出决定）。埃俄罗斯的蝙蝠数量已经锐减，有些小棕蝠种群已经表现出功能性灭绝，就像之前的美洲栗一样，它们的数量太少，无法通过繁衍来维系种群。如此巨大的损失势必会造成严重的生态后果，原本被蝙蝠捕食的昆虫会吃掉作物。昆兹和其他研究人员曾估算过，蝙蝠每年会为美国农业带来 230 亿美元的价值。[22] 这个数字还不包括它们为森林和非农业系统带来的价值。以水果为食的蝙蝠会传播种子，以花蜜为食的蝙蝠则充当了沙漠和热带花卉的传粉者，例如龙舌兰和树形仙人掌，还有芒果、香蕉和番石榴。简单来说，大家低估了蝙蝠对生态环境的稳定所做出的贡献。[23] 有些人可能不太喜欢它们，但就我们的生活环境和生活方式而言，如果没有这些神出鬼没、长相怪异的翼手目哺乳动物，我们的世界将会十分匮乏。

***

人类一直在四处闯荡，贸易、逃亡、征服、耕种、探索。但过去的移动速度已无法和现在相比。20世纪，我们的移动速度以公里/小时来计算，而现在，我们的速度约是上一代的1000倍——这还不包括太空旅行。[24] 现在的轮船变得越来越快，飞机也变得更宽敞、更快，运输的速度和载量都达到了前所未有的水平。2019年，约有8000万国际游客造访了美国，其中有一半的旅客跨越了一到两片海洋。[25] 美国每年约有23亿次国内旅行，旅行的原因有商务出差、休闲放松和改善生活。人类现在的运输量和运输速度都达到了令人难以置信的水平，就像有一个巨型的传送带不断地在全球范围内输送人类。我们会在巴黎、旧金山、香港或阿克拉下车，然后继续前行。20世纪70年代末，人们认为，黄茎锈病（一种感染小麦的真菌性疾病）的病原菌以旅客的衣服为媒介，从欧洲传到了澳大利亚。[26] 科学家认为，锈腐假裸囊子菌的传播方式也与之类似，它们穿越了大西洋——粘在欧洲人的靴子、衣服或背包上，落到了纽约的豪斯洞穴（Howes Cave）。这个洞穴与侯氏洞相连，形成了一个地下系统，石灰石和水缓慢地滴落，形成了宛如雕像的钟乳石和石笋。为了亲眼看到此处的美景，每年约有20万游客从世界各地赶来，抵达这凉爽的黑暗洞穴。

杰夫·福斯特（Jeff Foster）是一位疾病生态学家，来自北亚利桑那大学，他一直在寻找白鼻综合征的起源。杰夫·福斯特的首要任务之一便是研发一种基因测试来鉴别这种真菌。这并不是一件简单的事，因为你必须区分白鼻综合征的病原菌和它的近亲，它的近亲也生活在洞穴的地面上，以毛发、鸟粪和其他有机物为食。福斯特针对锈腐假裸囊子菌的特有遗传物质设计了 DNA 快速检测法。他与追踪其他疾病的科研人员一样，寻找着 DNA 中自然发生的微小变化。但这种疾病是最近才出现的，因此没什么明显的痕迹。对福斯特来讲，他需要更多的遗传物质和更多的遗传标记。虽然科技在不断地进步，DNA 的分析也相对简单，但追踪真菌到豪斯洞穴的路线却充满了挫败感。“想要确切地知道它们从哪来，就要对它们的来源进行采样。很明显，我们从未这样做过，别人也没有。”但它们的确有很强的亲缘关系，这种真菌似乎来自欧洲的某个地方，可能是中欧。[27] 白鼻综合征是这里的地方性疾病。

19 世纪和 20 世纪，收藏家曾收藏过北美、欧洲和东亚的蝙蝠。福斯特的同事在史密森尼工作，他们从 2013 年开始采集这些收集来的蝙蝠的 DNA。其中有一种体形中等的长耳林地蝙蝠，叫作贝希斯坦蝙蝠。1918 年 5 月 9 日，法国卢瓦尔河谷（Centre-Val de Loire）的一位收藏家捕捉到了这种生物，并将其晒干，随后运往美国。自此，它在美国国家自然历史博物馆的架子上躺了近一个世纪。当研究人员对真菌 DNA 进行采样后，发现这只蝙蝠标本体内存在锈腐假裸囊子菌，而 19 世纪或 20 世纪初的北美蝙蝠的检测结果却都呈阴性。[28] 这些证据表明，至少在 1 个世纪以前，这种真菌就曾出现在欧洲，而不是美国。它们可能早在数千年前就已经出现在了欧洲（或欧亚大陆），现在，欧洲蝙蝠虽然被感染了，但仍与它们生活在一起。莱卡德补充道，有些蝙蝠的抗真菌能力可能比其他蝙蝠强。其实，对欧洲蝙蝠来说，这种真菌已经成为一种无症状感染。[29]这也意味着从轻症或无症状蝙蝠身上掉下来的锈腐假裸囊子菌的菌丝和孢子会污染欧洲蝙蝠洞穴的地面。

当锈腐假裸囊子菌穿越大西洋时，它可能以孢子的形式进行传播，例如粘在一团泥里或者粘在洞穴探险爱好者的衣服上。它们和其他类型的传染病一样，是否能感染新宿主取决于感染颗粒及感染数量。很多感染都会以失败告终。如果真菌孢子没有落到冬眠蝙蝠的翅膀上，也没有萌发，那它们可能会被埋在洞穴的泥土里，或被水流冲走。但孢子至少有一次落在蝙蝠身上萌发的机会。包括莱卡德在内的大多数蝙蝠科学家都认为，这种情况发生的概率很大。

福斯特追踪着美国的锈腐假裸囊子菌，它们在这里的传播速度很快，而且几乎没有基因上的变化。这样的结果并非意料之外，目前看来，主要的传播媒介似乎是蝙蝠，而非人类。但后来，华盛顿出现了白鼻综合征，这就很奇怪了，因为大部分蝙蝠不会穿越大平原。福斯特解释道，从密西西比河西部一直延伸到落基山脉东部的草地平原就像“北美的巨大分界线”，很多动物都不会跨过它。[30]那么，这种真菌是如何穿越的呢？人们尚不清楚，但无论有没有人类的帮助，它都做到了。

白鼻综合征一直都在，因此科学家们想知道，真菌会对那些幸存下来的蝙蝠种群及其生理机能带来什么影响。也许，向前回溯，在历史上的某个点，它们对欧洲蝙蝠来说也是新型病原体，而现在，二者却生活在了一起。蝙蝠很有可能进化出了生存的方法。至少，科学家们已经从美国的一些蝙蝠种群中看到了希望之光：有报道称，分散在东北部的蝙蝠似乎在这种真菌的感染中幸存了下来。[31]

2018 年，莱卡德和其他几位科学家，包括国际蝙蝠保护组织（一个非营利组织）的首席科学家蒂娜·成（Tina Cheng），一起宣布了生活在东北部的 6 个小棕蝠种群，包括那些留在埃俄罗斯洞穴里的小棕蝠。2009 年和 2016 年，他们研究了这些点位的蝙蝠，因此这是一次难得的机会来对比白鼻综合征发作前后蝙蝠种群的变化。他们知道，感染后的蝙蝠会频繁地从冬眠中觉醒，这会消耗很多能量。通常情况下，冬眠的蝙蝠仅靠体内的几克脂肪来维持生命，但现在，它们的生命已经岌岌可危。那体脂较高的蝙蝠在进入冬眠后，生存优势是否更大呢？研究表明，2016 年有些地区幸存下来的蝙蝠的确比 2009 年的蝙蝠更胖。事实证明，多长几克似乎是件好事，能让它们存活下来。[32] 长胖究竟是遗传原因，还是环境原因——也许只是多抓了一些昆虫，具体原因还得等待另一项研究的结果。尽管如此，该结论还是提供了一些保护策略，例如，在冬季来临之前帮助蝙蝠增肥。

它们并不是唯一的幸存者。一般来说，小棕蝠、北方长耳蝠和三色蝠在遭遇白鼻综合征的入侵后，存活的概率不到 10%，这取决于它们所处的位置。[33] 这些观察结果为蝙蝠种群进化出抵御疾病的能力（疾病耐受力）提供了一线希望。如果它们能做到，这将成为 20 年里一项了不起的壮举。不过话又说回来，这种快速进化或当代演化并非动物界里的奇闻。

***

1973年，一对年轻的科学家夫妇带着他们的两个女儿和其他几个人驱车前往科隆群岛的一个偏远岛屿。[34] 他们拿着装备，跳上了一个名为达芙妮·梅杰（Daphne Major）的小岛，那是一座从水中伸出来的火山尖。一开始，他们只打算在这片恶劣的环境中待几年，研究这里的生命。但最后，科学家彼得·格兰特（Peter Grant）和罗斯玛丽·格兰特（Rosemary Grant）却在这里研究了40年。他们在岛上的研究工作改变了我们对进化的认知。

格兰特夫妇是一对训练有素的进化生物学家，彼得擅长生态学，罗斯玛丽擅长遗传学。[35] 当他们首次来到南太平洋的岩石上时，他们的目的是研究岛上的雀类，从而寻找鸟类新物种的进化线索。这些雀类因查尔斯·达尔文（Charles Darwin）而闻名，鸟喙的大小和形状差异都有助于我们理解它们的进化过程。达尔文假设他所鉴定的13种雀类有一个共同祖先，环境会塑造雀类的喙和最终物种，例如岛屿的地理环境，它将种群隔离起来。经过几千年的自然选择，喙的进化已经适应了环境。以水果为食的鸟类，其喙较短；以昆虫为食的鸟类，其喙较为纤细。还有一些鸟类的喙强而有力，它们能够挤碎坚硬的种子，获取里面的养分。格兰特夫妇研究了一种以种子为食的鸟——中喙地雀。他们测量了这种鸟的体长（从头到尾），研究了它们的喙和食物，并记录了一年之中的雨天和晴天。当太阳出来时，小岛又热又干，而下雨的时候，一连几天东西都是湿漉漉的。最初计划中2年的研究变成了好几年的研究。1977年，发生了一件奇怪的事情。这里一年多都没有降雨，干旱带来了改变，原本可以获得的食物暂时无法获得。中喙地雀的食物主要是大种子和小种子。它们和其他动物种群一样，彼此之间也存在着自然变异，有的喙大，有的喙小。喙大的雀类倾向于吃大种子，喙小的雀类则会吃小种子。随着干旱的加剧，小种子越来越少。当时，格兰特夫妇的一名学生一直在岛上工作，他写信告诉他们，这些雀类正在死亡。这不是个好消息。同年，当格兰特夫妇再次返回小岛后，马上开始测量雀类的喙长。喙小的雀类基本上已经灭绝，而喙大的雀类（能咬开大种子）却幸存了下来。他们在后来的一次访谈中回忆道，这是第一道曙光。[36] 这些幸存者的后代都长着大喙，种群已经转向了大喙雀类，这种转变是遗传性的。当天气情况发生改变，小种子变多，中喙地雀种群也会发生变化。在那几年的自然灾害里，格兰特夫妇有幸见证了进化的阴谋。[37]

根据定义，进化是种群内基因频率的变化，而自然选择却是推动一切的力量。当格兰特夫妇区分大喙或小喙雀类，并发现这些变化具有遗传性时，他们认为某些基因发生了变化。自然选择会作用于种群内的遗传变异。有时这种变异来自相对较新的突变——就像一些具有耐药性的细菌和真菌一样，但自然选择也会发生在已有的变异上，例如分散在种群中的基因或性状。

当种群遇到某些曾出现过的恶劣环境时，种群中的遗传基因能确保雀类在这场危机中幸存下来。这样的基因可能会被一次次地选择，因此，它们得以在种群中留存下来。就像壁橱里那件不用的毛衣，只在最罕见的冬季，人们才会穿上它。格兰特夫妇还发现了一件极不寻常的事，这种雀每次只产 3 到 4 枚卵，这与快速进化的昆虫和啮齿类动物不同。众所周知，这些动物的繁殖速度很快，能对杀虫剂或灭鼠剂作出迅速的反应。虽然格兰特夫妇的研究内容并非疾病，但他们的发现却给莱卡德这样的科学家带来了一丝希望。这些科学家的研究重点是蝙蝠、青蛙、蝾螈及其他受到流行病威胁的物种，也许它们也在自己的“衣柜”里藏了一些有用的基因。

生物种群生活在不断变化的环境里——干旱期、大种子、小种子、局部疾病的爆发——它们保留了一些遗传变异，这样就能应对突发状况。这种所谓的长期遗传变异为种群提供了一个逃生口。生命是短暂的，但种群却可以在历经自然变化后延续亿万年。现在，生命面临着一个全新的挑战——环境的非自然变化。随着人类在全球范围内的移动，疾病和其他物种开始入侵。我们开垦了土地，改变了气候，因此，我们既是地球第六次大灭绝的见证者，也是造成大灭绝的主谋。[38]

对于北美蝙蝠来说，白鼻综合征可能是一种新发疾病，但这些蝙蝠也会面临挨饿的风险（没有足够的食物），过热/过冷的冬季所带来的更低/更高的体能消耗，甚至是接触到其他疾病的风险。因此，物种能在分散的环境中幸存下来也是一件好事。

***

“胖蝙蝠”的研究正如火如荼地进行着，研究生乔治娅·奥特里（Giorgia Auteri）和她的导师莱西·诺尔斯（Lacey Knowles）想知道，是否能通过遗传学来解释蝙蝠的生存。当提到锈腐假裸囊子菌时，为什么先前那些发生在蝙蝠身上的不重要的变异（比如，在食物不多的情况下节约能量）突然变得重要了呢？如果这些特征的变异是以基因为基础的，那么在面对锈腐假裸囊子菌时，它们可能给蝙蝠带来一种选择优势。[39] 例如，在食物不多的时候保存能量，皮肤稍厚一点维持不同的代谢率，冬眠模式的改变。如果基因组合有利，那么至少有些蝙蝠种群能在进化过程中从白鼻综合征里幸存下来。奥特里和诺尔斯研究了密歇根北部的蝙蝠种群，2014 年，这里首次出现了锈腐假裸囊子菌。

奥特里足够老，她能回忆起白鼻综合征出现之前的日子，还见证了它向西席卷全国的过程。在她上学的时候，锈腐假裸囊子菌还没有来到密歇根。2 年后，它来了。奥特里也足够年轻，可以成为生活在白鼻综合征世界里的一员——世界就是这样。

奥特里在大学毕业后开始与蝙蝠有所交集，当时她还是一名实习生，在斯莫基山脉对蝙蝠进行调查。她的第二份工作是监测死在风力涡轮机下的蝙蝠，以及记录飞进涡轮机的所有濒危物种。“死于风力涡轮机下的蝙蝠远比鸟多。我的第一份工作让我知道了很多种很酷的蝙蝠，我的第二份工作则令人有些难过，迁徙性蝙蝠虽然不太容易感染白鼻综合征，但涡轮机给它们带来了巨大的伤害，而那些冬眠的蝙蝠更容易死于白鼻综合征而非涡轮机。”[40]

与此同时，越来越多的研究表明，格兰特夫妇和其他人所观察到的快速进化并非罕见现象。包括脊椎动物在内的其他动物，例如鸟类、鱼类、两栖类动物和啮齿类动物，都能在恶劣的环境中进化、生存。灭绝并非必然事件。奥特里虽然知道有些蝙蝠种群存活了下来，但她不知道这究竟是进化的结果还是出于其他非遗传原因。解决这个问题的方法之一便是对比幸存下来的蝙蝠和死亡蝙蝠的基因组成，以检测其基因的变化。这与格兰特夫妇的工作不同，奥特里的研究重点是基因，而不是由这些基因编码展现出的机体特征。她在收集这些蝙蝠的 DNA 样本时，它们已经开始腐烂了，所以她无法准确地测量蝙蝠的体重等数据，但能从它们的 DNA 数据中找到蛛丝马迹。奥特里使用了基因枪的方法——将 DNA 随机地降解成片段并对它们进行测序。她希望找到一些能与幸存者紧密联系的序列，这表明蝙蝠正在适应这种疾病。这些片段上的基因也有自己的意义，能和之前的研究做对比，推测它们的作用。

奥特里的首要任务是去捕捉外出活动的成年蝙蝠。她能肯定的是，这些蝙蝠至少能和锈腐假裸囊子菌共存一个冬季。她用雾网来捕获蝙蝠——这是一种常见方法，用以捕捉和释放鸟类。这些网横跨田野和林地，即使像蝙蝠这样的专业“导航员”也很难发现它们。大网眼的网会网住所有飞进去的生物，因此每隔 8~10 分钟就得检查一次。为了抓到蝙蝠，研究人员从黄昏时分就张开网，一直延续到日落后的几小时，这段时间它们最为活跃。其他的蝙蝠样本来自该州的自然资源部门——就是那些因为在阁楼里和家里飞来飞去而被抓住的动物。虽然雾网里的蝙蝠在取样后会被释放，但从家中捕获的蝙蝠将被执行安乐死，先检查它有无狂犬病毒，再确定它是否接触过人类或宠物。

研究人员用小孔打孔器来收集活蝙蝠的膜组织，用于皮肤活体组织检查。一旦人们从膜样品中提取了 DNA，就会对它们进行测序。由于活蝙蝠的捕捉和取样都存在一定的困难，因此，奥特里的研究里只有9只幸存的蝙蝠。该研究的样本量过少，这为科学研究带来了麻烦，因为可能无法检测到变化，但该研究最终发现了显著的遗传差异。回想一下，每个哺乳动物细胞内都含有两条染色体，分别来自亲本双方。染色体上排列的DNA片段由不同的基因组成。我们体内有23对染色体或46条染色体。蝙蝠的种类不同，其染色体的数量也不同，从7对到31对不等，因此可能有14~62条染色体。小棕蝠有22对染色体。蝙蝠和我们一样，从亲本双方各遗传一条染色体，这意味着它们体内有两套DNA，每个基因都有两个副本。基因突变产生等位基因，我们最熟悉的等位基因有眼睛的颜色、身高和肤色等。相较于其他基因，有些基因的变异更多。奥特里和诺尔斯在研究具有微小差异的基因，即单核苷酸多态性，或简称为SNP。很多SNP的变异都位于那些尚未被定义的基因中——没人知道这些基因是干什么的，但却能用它们来检测差异。奥特里所选的一些SNP属于已知基因，它们具有一定的特性。其中，有4种变异与幸存的蝙蝠有关，其余的则是不相关的变异。

在奥特里选择的SNP中，一个是编码神经递质受体的基因的一部分或与该基因的序列相似，另一个与回声定位有关，还有一个与免疫反应有关。它们都对蝙蝠的生存至关重要。[41] 但cGMP-PK1基因是个有趣的变异，它与哺乳动物的肥胖有关。奥特里指出："在死亡的蝙蝠中，均未出现这些等位基因的变异，完全没有。这令我很惊讶。希望这些发现有意义。"[42] 这些变异基因能存在于种群中就有一定的意义，因为它们的存在与环境的变化有关——正如格兰特夫妇研究的雀类与干燥天气下喙的基因的关系一样。干旱是一个相对罕见的事件，但当它发生的时候，如果种群中没有储备足够的变异基因，鸟类就会灭绝。也就是说，目前尚不清楚这些基因是否有利于生存，以及对生存有多大的帮助。

有迹象表明，其他蝙蝠也能存活下来。2019年，纽约研究小棕蝠的科学家们发现，这些蝙蝠的死亡率从90%急剧下降到50%左右。幸存的蝙蝠似乎有更长的冬眠时间，这样才能提高脂肪的利用率。研究人员得出结论，通过这些小棕蝠可以看出，哺乳动物能迅速地进化出应对新发病原体的策略。[43] 该研究结果与奥特里的研究结果相吻合，后者发现了它们体内调节冬眠唤醒基因的差异。

“虽然我们还未看到当地种群数量的增长，但死亡的蝙蝠的确越来越少了”，奥特里说。[44]

***

当蝙蝠、青蛙或其他动物遭遇致命疾病的侵袭时，还能通过其他方法幸存下来。随着免疫系统对病原体的灭杀率越来越高，病原体便会进化，降低自身对免疫系统的刺激性。或者，当某种病毒、细菌或其他病原体没有毁灭整个宿主种群时，从长远来看，它会获得更好的生存机会。这是一个普遍的观点：病原体最终会进化，降低宿主的死亡率（尽管并非总是如此）。[45]

疾病生态学家杰米·沃伊尔斯（Jamie Voyles）和凯伦·利普斯一样，她们都看到了巴拿马地区的蛙弧菌感染，以及它们给青蛙带来的影响。21 世纪初，此时的沃伊尔斯还是一名博士生，她在森林的横断面收集青蛙。金蛙的体色呈标志性的淡黄色，具有黑色斑点，那时的它们随处可见。“如果你顺溪而下，经常会踩到它们”，[46] 她回忆着当时的情景。现在，沃伊尔斯已经成为内华达大学里诺分校（University of Nevada in Reno）的副教授，“一晚上你能在雨林里看到 50~70 种不同的生物”。当她收集了一年的青蛙后，锈腐假裸囊子菌开始侵袭当地的蛙群。因此，她转移了注意力（当研究对象变为死青蛙时，并不能写出一篇高质量的论文）。大约 10 年后，她又回到了这里，并组建了一支队伍来搜寻金蛙。“也许现在就是合适的时间，合适的地点”，她说，这里还有青蛙。他们大约花了 2 个月的时间才找到第一只青蛙。“我们拍了无数张照片！”她说，那简直就是她的高光时刻。在遭遇了这样的灾难后，为什么还有幸存者呢？

沃伊尔斯非常确信，锈腐假裸囊子菌现在已经不再是当初的那个杀手了。

但当他们对比 10 年前后的真菌时（分离自青蛙体内），并没有发现锈腐假裸囊子菌变温和了。与之相反的是，改变的似乎是青蛙。沃伊尔斯最开始研究青蛙时（也就是青蛙消失之前），就采集了青蛙的黏液和皮肤的分泌物，并对它们进行了存档。某些青蛙的分泌物中出现了一线免疫反应，因此，沃伊尔斯他们才有机会对比青蛙种群的免疫反应，即未接触过真菌的青蛙与几十年后幸存下来的青蛙有何不同。

某些情况下，幸存下来的青蛙在限制锈腐假裸囊子菌生长方面要比其他青蛙强 2~5 倍。造成这种现象的原因似乎是青蛙进化出了更强的抵抗力，而非病原体降低了自身的毒性。沃伊尔斯说道："在我看来，如果我是一个赌徒的话，首先会选择长期的基因变异，随后便是一场激烈的基因清扫。大自然有非凡的创造力，随着时间的推移，我希望能看到两栖类动物重振雄风。"[47]

在美洲杉和国王峡谷国家公园，虽然疾病生态学家万斯·弗里登伯格曾亲眼看到过这场灾难，但他在其他地区的种群上看到了希望。在约塞米蒂国家公园里，数百个小池塘里都出现了感染锈腐假裸囊子菌的青蛙。这种迹象表明，该疾病已经成为地方病，蛙和蛙壶菌是共同进化的。[48]还有一种假设，即皮肤的微生物组发生了变化，分泌抗真菌化学物质的微生物增加了。但微生物群落较为复杂，很难解释它们的变化。[49]也许还有其他原因，弗里登伯格补充道："这给我们带来了希望，虽然美洲杉和国王峡谷国家公园的青蛙仍然遭受着疾病的侵袭，但还是有幸存下来的青蛙。如果它们能进化，就有幸存的机会。"[50]像小棕蝠一样，有些青蛙似乎能坚持下去——只要它们坚持的时间够久，种群就能再次繁荣起来。格兰特夫妇所研究的地雀也是如此，种群的遗传多样性是它们最大的资源之一。对于这些动物来讲，只要有合适的条件和足够的时间，它们就有可能通过进化来拯救自己。这是个宏大的假设，但仍有一线希望。

第6章 | 抗性

这是北喀斯喀特山夏末的一天，空气中飘荡着花粉、灰尘和孢子。霉菌、蘑菇和其他真菌释放出的孢子多达数百万颗，其中有一种是担子孢子，由醋栗叶背面的茶藨生柱锈菌释放出来，这种真菌会造成松疱锈菌病。孢子随风飘荡几百米后，会从空中落下来，无论下面是什么，都会粘上它：汽车的挡风玻璃、一簇石楠，甚至是一片土壤。对真菌来说，落在这些东西上是毫无生机可言的，除非它们落在白皮松的针叶上——茶藨生柱锈菌只能在少数几种树上萌发和生长，白皮松便是其一。成功着陆后，随着时间的推移，它们会逐渐长出菌丝，并开始沿着松针探索，以期找到气孔并进入其内部。但它们也将止步于此，被真菌感染后的松叶细胞很快就会凋亡，也就是说，真菌的周围基本上都是死细胞。由于它们只能以生物为食，因此很难进一步扩大感染。当孢子落在松树上后，松树就能通过细胞死亡的方式开启自我保护模式，抵御它们的进一步侵染。这要感谢松树体内的一组基因，它们帮松树抵御了潜在的致命真菌。通过自然选择，这些基因得以保存千万年，就像格兰特夫妇所研究的雀喙基因，以及之前提到的“胖蝙蝠”基因一样。或许早在亿万年前，树木和真菌的祖先就曾相遇过。不过，这些基因也可能是由其他原因催生出来的，并非真菌，例如生物为了抵御其他入侵者或应对恶劣的环境。因此，科学家认为，抗锈树和其他具有相似功能的树才是帮助松树抵御这种真菌的最大希望。

一旦野外的蝙蝠、青蛙还有树木种群爆发了真菌感染，大多数科学家都会认为，这种病不会“消失”。这种曾经的新发真菌会留在森林里、池塘中或土壤里，感染一代又一代的宿主。在某些情况下，即便是离开宿主后，它们也能继续长时间存活。这就意味着，树木、蝙蝠或青蛙要想生存下去，就得找出一种能与这种潜在的致命真菌共存的方法。反过来，这至少又取决于两件事：一是幸存的种群中是否存在这种有利基因，二是如何及时地将这些基因扩散到更大的种群中保存下来。树木的成熟需要几十年的时间，如果我们依赖自然选择，在致死率极高的真菌侵袭某个种群的时候静候抗性基因的传播，那么我们就有可能失去那些已感染的种群，甚至是整个物种。

1 个世纪前，当商业运输的松树幼苗释放出疱锈病真菌时，这种真菌杀死了美国数百万棵五针松。那些存活下来的树木，包括白皮松、西部白松和糖松都是极其幸运的。也许真菌还没有渗透到它们所在的森林里，但幸存者却生活在枯死和垂死的树木中，这表明，它们对这种非本地疾病存在一定的自然遗传抗性。几个世纪以来，植物育种学家一直很重视某些有利的遗传特征（早在人们了解遗传学之前），例如植株抗病性更高、耐旱性更强，果实的糖分更高，种子更少，并在筛选、培育和种植时利用这些遗传特征，人为地推动进化。当人们广泛种植茶藨子属植物时，真菌曾为某些地区带来了严重的灾害，当年轻人奉命在树林里清除醋栗时，却意外地发现，到处都有奇怪的幸存者。[1] 一棵糖松或一棵西部白松孤零零地矗立在哪里。20 世纪 50 年代，至少在西方来看，一切控制松疱锈菌病的方法最终都以失败告终。

在黄石国家公园，人们对松疱锈菌病的控制工作一直持续到了 20 世纪 70 年代。有些护林员想知道，这些幸存下来的树木是否具有遗传抗性；如果有的话，它们能否像其他植物一样繁殖？抗锈树的筛选和培育是一件新鲜事。农业植物的生长周期是以季或年来计算的，而树木的生长周期则长达数十年。这表明，培育新型遗传性状的农作物需要耗费几年的时间，而培育抗病树木则需要耗费几十年的时间。西部白松和糖松是抗松疱锈菌病育种计划里的第一批候选树，它们外观壮丽，不仅是珍贵的木材，还具有一定的观赏性。对于致力于拯救这些树木的科学家来说，这将是个“登月计划”，虽然几十年内无法看到任何成果，但这是一项有意义的挑战。

***

糖松和西部白松的首个抗性育种计划始于 20 世纪 50 年代。西部白松和东部白松一样，又高又直，是很好的木材。“这种树的干枝比森林里的其他树更纤细、更雅致”，博物学家约翰·缪尔（John Muir）深情地描述道，它们能长到 150~200 英尺高。西部白松和东部白松都是优势物种，其覆盖范围从俄勒冈州一直到加利福尼亚州，仅在爱达荷州占地面积就高达 200 万英亩。它们的木质较轻，干净、易打磨，是一种难以忽视的资源。20 世纪初，锯木厂迅速地消耗了整个森林，将我们的“帝王松”变成了数十亿板英尺①。[2]糖松是世界上最大的松树，两棵最高、最粗的糖松就在加州太浩湖附近。它们距足球场只有10码远，要五六个成年人合抱才能绕树一圈。[3]对世纪之交的侨民而言，糖松是他们的首要目标，要在作坊里把它们变成商品，这便是一位作家口中的“毁灭旋风”。[4]糖松不仅是淘金热时期建造房屋的原材料，还被用于搭建矿山支架，建造水闸和水槽，以供金粉水流过。20世纪初，据美国林业局估算，加州森林中大约有390亿板英尺的糖松。[5]此时，松疱锈菌病也正从不列颠哥伦比亚省蔓延至喀斯喀特山脉，这点远超林农和伐木工的想象。[6]

1946年，森林病理学家理查德·宾汉姆（Richard Bingham）是华盛顿州斯波坎市松疱锈菌病控制项目的初级成员，他的工作任务之一便是调查感染锈菌的松树林。当年他便发现了一棵惊人的树：一棵树龄60岁、高约100英尺的健康西部白松。在随后的几年里，他又陆陆续续地发现了14棵健康的树，几十棵锈迹斑斑的枯树围绕在它们周围。据他推测，这些树能抵抗或耐受锈病的侵袭。宾汉姆知道，东部各州的科学家们已经研究了抗锈病的东部白松，他们得出了结论，这种抗锈病的能力似乎由基因来控制。因此，假如人们成功地培育出了这种树，那么，具有抗性的亲本应该能将这种耐受基因传递给子代。[7]后来，宾汉姆成为培育抗松疱锈菌病松树项目的领头人。即使在不考虑时间和困难的情况下，这项育种工作也将持续

① “板英尺”（board feet）是木材的测量单位，即12英寸宽的木板。——译者注

50年。[8]

从北落基山脉到太平洋西南部都是抗松疱锈菌病松树培育项目的覆盖范围。其他科学家、遗传学家、护林员和育种家都参与了该项目。虽然没人确切地了解这些树的存活方式，也没人确切地知道它们抵御疾病的时限，但他们发现，许多抗性树木的后代在一段时间内似乎遗传了其抗性。[9]一开始，这棵树可能会表现出抗性，但10年、20年后就会死亡。也许，这种真菌能进化出对抗树木抵抗力的特定方法，让大家几十年的心血付之东流。无论从科学的角度还是从身体的角度，这都极具挑战性。在早期，这甚至会危及生命。糖松的球果长在树冠附近，有时距地面超过100英尺。当人们培育这种树时，护林员要手工为球果授粉；当种子成熟后，他们还要收集成熟的球果。杰拉德·巴恩斯于1962年加入美国林业局的树木育种计划，他在少年时期曾跟着茶藨子属植物徒步穿越偏远地区。据巴恩斯回忆，他最初的任务之一便是爬上一棵糖松。他曾陪着该项目的区域遗传学家——汤姆·格雷特豪斯（Tom Greathouse）——为这些树木授粉。他们来到一棵特别高大的树木前，停下了脚步。巴恩斯用双筒望远镜看着遗传学家爬到了30英尺高的绿色枝干处。格雷特豪斯借助了一种名为“瑞士树木夹”的装置，这种树夹能让攀登者在光溜溜的树干上爬行，又不会给树皮带来太大的损伤。当反复攀爬同一棵树时，这非常重要。当格雷特豪斯到达树枝时，巴恩斯看着他自由地攀爬了几十英尺——没有借助树夹、绳索——就这样淹没在一片绿色中。他下来后，就轮到巴恩斯了。巴恩斯的任务是取回格雷特豪斯系在树顶的红丝带，他怀着忐忑的心情找回了丝带。在随后的 20 年里，巴恩斯的足迹留在了西部一些最高的松树上，他为它们检查锈病、授粉、取回松果。有一次，当他爬到树顶时恰巧遇到了地震；又有一次，一架带三角翼的飞机从他的头顶上俯冲而过，一时间，整棵树都在晃；还有一次，当他在严寒中突破积雪，就快来到 165 英尺高的树冠时，却因不小心跳到一根折断的树枝上而险些丧命，幸好只是摔断了锁骨。[10] 巴恩斯和格雷特豪斯随后撰写了一本非正式的爬树指南。经过多年的发展，虽然爬树这种危险的工作已经发生了一些变化，但对树木繁殖而言，收集球果依旧和早期一样重要。

***

在历史的长河中，大多数树木基本都保持着相对野生的状态，忠于自身的遗传特点。即使是几个世纪前的人，也能认出现代的糖松或西部白松。但粮食作物就不同了。几千年来，虽然农民并不清楚遗传的内部机制，但也培育出了粮食作物，从小麦到香蕉，从土豆到卷心菜。他们积极地利用遗传学的力量，挑选出口感更好、长势更快、更耐旱、更抗病的品种，这是一种相对较新的方法。植物育种和遗传之间的联系可能起源于 19 世纪中期，由生物学家格雷戈尔·孟德尔（Gregor Mendel）开启，他是一位修道院神父。孟德尔培育出了绿色和黄色的豌豆、外皮有褶皱和光滑的种子，他还发现，这些性状能通过可预测的模式代代相传，比如，光滑的种子是显性性状，黄色的种子和绿色的豆荚也是显性性状。孟德尔研究的单基因（对）性状，一个等位基因来自父本，另一个基因来自母本。显性等位基因则会掩盖另一个等位基因的表达，当等位基因上同时出现显性基因和隐性基因时，该性状只表达显性基因；当两个等位基因都是隐性基因时（分别来自父母双方），则会表达隐性性状。虽然孟德尔的工作是革命性的，对育种者提供了有利指导，但在他的有生之年，几乎没有科学家对他的工作予以关注。大家几乎都在学校里学习过孟德尔的基因遗传定律，当我们观察父母双方眼睛的颜色时就会明白，为什么父母都是蓝眼睛，孩子也是蓝眼睛；为什么父母都是棕色眼睛，而孩子的眼睛却有棕色、蓝色或淡褐色之分。即使现在的遗传学越变越变复杂，但就单基因遗传而言，孟德尔的工作经受住了时间的考验，让我们对遗传和显性基因有了基本的了解。他的遗传定律为植物育种家提供了一套强有力的支撑。

20 世纪，随着科技的不断发展，科学家们发现，位于染色体上的 DNA 所组成的基因编码了生物的性状。这些知识能让人们更深入地了解遗传，以及遗传物质在下一代中的分配。科学家们还发现，虽然某些性状是由单基因控制的，但大多数性状都是由多基因控制的，例如人类的身高有 80% 取决于 50 个基因和人类基因组的不同区域。[11] 因此，想要了解某些性状的遗传并非易事。孟德尔很幸运，他所研究的豌豆只有简单的单基因效应。如果他选择了其他植物，遗传问题可能会变得更难解决。时间回溯到 20 世纪 50 年代，那时的人们还在研究疱锈病，没人知道什么样的基因才具有抗性。是单基因的显性基因，还是多基因的共同作用？二者哪个更好呢？通过粮食作物的育种研究可以看出，人们更容易得到由单基因或少数基因产生的抗性。它们的保护作用较强，但也存在缺陷——时效较短。如果只有几个障碍，那真菌或其他病原体可能会迅速进化出耐药性，从而令研究人员几年或几十年的心血付之东流。[12] 相比之下，多基因抗性的育种工作要复杂很多，虽然有可能只产生部分抗性，但这种抗性会持续较长时间。

1970 年，美国林业局的遗传学家博恩·金洛克（Bohun Kinloch）和他的同事报告，他们发现了一个能保护糖松的主要基因，这是松树抗性育种界的首个重大突破。[13] 实验结果如同孟德尔遗传学的教科书般准确，遵循着显性和隐性基因的模式。虽然护林员不确定这种单基因免疫能持续多久，但他们至少抓住了一个基因。后来，金洛克也发现了多基因抗性，这种基因名为 Cr-1，当有抗性的松针被感染时，感染灶周围的植物组织就会死亡——这是一种细胞自杀反应，能防止锈病传播。他们还在西部白松中发现了另一个单一抗性基因 Cr-2，但锈菌早就进化出了克服单基因抗性的能力。[14]

育种计划在很大程度上是由理查德·宾汉姆（Richard Bingham）发起的，该工作已经延续了 70 多年。现在，树木育种家的目标是找到一种互补保护，既受主要基因保护又受多基因保护，这样，疱锈病就很难跨越障碍了。[15]

整个 20 世纪，疱锈病不仅侵袭了西部白松和糖松，还杀死了白皮松。但这种树对木材业来讲几乎没什么价值，因此，它们并没有被纳入早期的修复工作。白皮松有着重要的生态意义，把它们的未来留给大自然无疑是一场豪赌。此时，生态学家戴安娜·汤姆巴克和她的同事罗伯特·基恩（Robert Keane）还在美国林业局工作，她们并不赞成放任不管。20世纪80年代中期，大家都很担心白皮松的未来，因此，她们和其他专家组成了一个研究小组，包括金洛克在内。研究小组的目的是找出白皮松锐减的原因，后来他们发现，疱锈病是造成这一结果的主要原因之一。直到20世纪90年代末，大家一致认为，白皮松应该和它们的表亲享受同等待遇，如西部白松和糖松。由科学家、管理人员和其他专业人员组成的团队将联合起来，敦促抗性育种新项目的开发。理查德·希涅日科（Richard Sniezko）是一位遗传学家，在美国农业部的多瑞纳遗传资源中心（Dorena Genetic Resources Center）任职，他自发地加入了“抗性”工作。他们的工作重心也将从其商业价值转向内在价值。

多瑞纳遗传资源中心东临威拉米特国家森林（Willamette National forest），南面是乌姆普瓜国家森林（Umpqua National forest），茫茫的雪山上覆盖着松树和云杉，下面是湖泊，而它就坐落在这片天堂里。希涅日科热衷于培育抗性种群，并想通过这种方法来拯救树木。他的大部分工作都集中在抗锈病树木的识别上，先确定其是否有抗性，再辨别种群中是否有足够的遗传多样性，便于种群恢复。20世纪90年代初，当他首次到访多瑞纳时，糖松和西部白松的恢复是这里锈病研究项目的主要任务。要想恢复森林的原状，就要有相应的措施。他提出，要先找到有抗性的树［也被称为“母树”（Mother tree）］，再收集它们的种子来种植。这是一种相对便利的方法，但从长远来看，在抵御未来疾病或应对环境挑战时，这些新种群在遗传多样性上可能存在储备量不足的缺陷，北方抗锈母树［也被称为“留种树”（Seed tree）］的幼苗可能不适应南方的气候，低海拔的树来到高海拔区域时，也可能出现不适应的情况。对于那些已经适应了潮湿环境的树木而言，当它们来到干燥环境时，同样会不适应。考虑到气候变化，气温升高的北方可能需要移植南方的树木。因此，收集到的抗性种子必须具有地域代表性，从北方到南方，从高海拔到低海拔。[16]

目前，该中心正在评估几种母树对疱锈病的遗传抗性，包括白皮松在内。白皮松和其他松树一样，球果都高高地挂在树顶。因此，当丰收季来临时，要有熟练的爬手对它们进行多次采摘（它们有别于西部白松及糖松，白皮松较矮，因此相对易于管理）。6 月，爬手开始登树，他们将挑出的松果放进笼子里，以防松子被其他动物吃掉，夏末再对球果进行评估和收集。白皮松属于风媒植物，这表明雄球花（有些像一簇红色或紫色的浆果）在成熟时，它们的种实就受精了。假如你家附近有松树，那么在大风天气，你可能目睹过花粉漫天飞舞的景象。其中大部分花粉会附着在我们的挡风玻璃上，有些会飘进家里，有些会飘入田野里和森林中，还有一些会落在球果上。松树也可能异花受精。第一年，种实和雄球花一样，看起来又小又红，但它们位于树冠的高处——这是树木减少自我受精的一种常见策略。受精后要经过 14 个月的时间，球果和种子才能完全成熟。采集者会沿着从茎部到顶端的方向切开球果，检查松子里面的胚是否健康，然后收集松子。有的球果外表看起来正常，但里面的松子已经被昆虫吃掉了。采集者还会碰到那些没有授粉的种子，里面的胚并不健康。人们会在多瑞纳加工球果，并在这里取出种子，将其储存起来或用于种植。在进化过程中，星鸦会啄开球果，因此球果闭合得很严。那么，如何从紧闭的球果中取出种子呢？这是一项具有挑战性的工作。研究人员将干燥的球果和橡皮球捆在一起，这样就能在不损坏种子的前提下将它们摔碎，然后从碾碎的球果碎片中分离出种子。人们通过X射线来区分白皮松的好种子（种子中具有健康的胚）和坏种子（受损或未发育的种子）。通常情况下，一个好的球果中能取出几十颗种子。研究人员小心翼翼地将大部分种子放在冰箱里，以便在用的时候能轻松地找到它们（以及它们的母树）。将休眠的松子唤醒并进行抗性测试是两个分开的过程，研究人员先将种子浸泡几个月，然后加热再冷却——基本上重现了星鸦抓住一颗松子并将其藏在高海拔土壤的过程。虽然储存种子和准备种子是一项耗时费力的工作，但这只是抗性育种的第一步。[17]

到2021年，多瑞纳遗传资源中心已经测试了大约1500棵白皮松母树的幼苗，这些幼苗来自俄勒冈州和华盛顿州。目前尚没有出现任何抗锈病基因的快速检测法，因此，研究人员依旧遵循着古法，即50年前测试白松和糖松抗锈病的方法。从种子的收集到抗性检测，整个过程可能需要耗费7年的时间。研究人员每次都会从120棵有潜力的母树里培育60多棵幼苗，当这些幼苗长到2岁时，也就是这些“绿色幼童”身上布满松针时，就能开始实验了。工作人员会在测试的时候将7000棵幼苗装到一个车库状的大“雾”室里，给予幼苗大剂量的真菌孢子。自然界中的白皮松会被茶藨子属植物叶片里释放的孢子感染，因此，希涅日科团队将自然感染的叶片作为孢子的来源。工作人员先收集来数千片带有橙色锈迹的树叶，然后将它们挂在松树上方的网架上。由于孢子的萌发需要水分，人们会在房间内泵入大量的雾。充满孢子的雾室和放进去的幼苗完美地模拟了自然环境，人们还能通过改变雾或孢子量来调节剂量。雾散后，工作人员会将幼苗移到室外，将它们放到育苗床（感染的树木能在上面生长）上。在随后的 5 年里，很多幼苗将死于感染。有些幼苗很快就会死亡，有些则需要过一段时间才会死亡。有些幼苗可能生病，然后康复，只有少数幼苗会存活下来。研究人员会根据幼苗的表现对母树进行评分，依据其后代的抗性强弱，抗性最强的种子的母树将被记为 A 级或 B 级。研究人员认为，只有这样的树才适合修复环境。在锈病高发地区，即使是 A 级树的后代，有时也只有 50% 的存活率。其余的评分从 C 到 F，视情况而定。每年可能只有 10% 的母树达到 A 级。

经过多年的实验，希涅日科团队已对西北部分地区树木的抗性规律有了更深入的了解。他喜欢用华盛顿州和俄勒冈州的白皮松分布图来解释它们的抗性，上面还标注着彩色的饼状图。颜色代表了抗性强弱，有绿色、蓝色、黄色、橙色和红色。绿色代表“A 级”母树，红色代表死亡的母树。虽然西北地区标注着大量的红色，尤其是俄勒冈州东部，但有一抹绿色萦绕在华盛顿州东北角的瑞尼尔山国家公园。

俄勒冈州西南部的火山口湖国家公园则绿蓝参半。该公园在 2006 年扩建了一个小公园，形成了一个新的开放空间。希涅日科和公园的工作人员认为，这里适合种植抗性幼苗。研究人员通常会把树种在偏远地区，尽管它们会受到监控，但偏僻的地理位置很难让科研人员获得完整的资料；小公园却不同，这里设施便利，较易检查。除此之外，这里属于公共景观，还能为公众提供一些保护修复教育。因此，希涅日科团队将培育的幼苗交给了公园的工作人员，由他们负责种植。他们大约种了300棵只有几寸高的小白皮松，为了保护这些幼苗，每棵树下面都垒着一堆石块。这300棵幼苗中，有40棵是“A级”母树的后代，其余的幼苗来自“C级”母树。希涅日科说，进行实验的时候，一般有什么幼苗就种什么幼苗，最近的实验主要是“A级”和“B级”母树的后代。2021年，火山口湖分离区最高的树木大约长到了6英尺，有些得了锈病，至少死了一棵。但希涅日科说，大部分树苗的长势看起来不错，几十年后人们才能确切地知道它们的抗性程度。虽然不是完全地重新造林，但总算是有了一个良好的开端，这给白皮松带来了希望的曙光。[18]

健康的森林是一个动态景观。乔木和灌木争着占据主导地位，某个物种可能会在几十年内占据上层植被的主导地位，直到遇见一场风暴将它们摧毁，或者拦腰折断，留下一个没有树冠的木桩。下层植被中有些耐阴性较差的植物，它们一直在伺机而动，当原本的上层植物被摧毁时，它们就能在上层植被中占据一席之地了。有些植物会释放出化学物质，激励部分邻居或打压部分邻居。由于气候变化和森林管理实践等多种因素，野火光顾森林的次数越来越多。因此，即便在最好的情况下，重新造林也越来越复杂。在一定范围内，要想恢复白皮松，人们所需要的不仅是抗锈种子或幼苗，还需要大量的星鸦来储存和散布白皮松种子。再考虑到植物群落的变化，白皮松死后，针叶树和下层灌木会如何生长？是否有发生火灾的潜在危险？一旦发生火灾，白皮松是首当其冲的植物品种，因为星鸦撒下了大量的种子，[19]而且它们很易燃。

谈到植被的修复、保护及重新造林，这既是一门艺术又是一门科学，尤其是我们还想让现在所保护（种植）的树木屹立一两个世纪。在鲍勃·基恩（Bob Keane）的职业生涯中，大部分时间他都在考虑这个问题，尤其是白皮松和火的关系。火灾既是生态系统发生变化的原因，也是变化的结果，有时它们还是植树造林的助力。白皮松不耐阴，有控制地放火及其他方式能确保它们茁壮成长，不受其他树木的压制，但火灾也会杀死抗锈树木。满是小树的山腰在被大火席卷后，将会变得满目疮痍，一无所有。[20]气候的变化增加了火灾的风险。除此之外，土壤的类型和土壤里的微生物也很重要。白皮松和其他树木一样，都依赖于土壤中的真菌，这些真菌能帮树木收集养分，抵御干旱及其他土壤微生物。[21]目前，研究土壤真菌功能的势头越来越猛，即使它们并不是树木土壤微生物组的重要成员。现在，人们针对新种植的白皮松研发了专门的土壤接种剂；有些科学家建议，幼苗应该种植在幸存树木的附近，或曾经种植过白皮松的地方，这样它们就能从现有的土壤微生物中受益。[22]

在白皮松生态系统基金会（Whitebark Pine Ecosystem Foundation）和美国森林保护非营利组织（American Forests Conservation Nonprofit）等机构的鼓励下，那些愿为白皮松的未来投资的人，已经在它们的自然分布区内种植了数十万棵白皮松。早在抗性育种计划之前，人们曾种过一些种子，但它们已经死了，现在人们开始种植抗性树木的种子和幼苗，在接近 200 万英亩的土地上种植了数亿棵树。[23] 他们的目的是从抗性树木上得到幼苗，但这取决于种子质量、球果收集情况和白皮松的长势。2012 年，基恩、托姆贝克等人起草了一份多机构协作的白皮松恢复战略，托姆贝克还代表白皮松生态系统基金会，与美国森林保护非营利组织等机构合作，制订了一项多机构国家白皮松恢复计划。该计划以托姆贝克、基恩和希涅日科等科学家数十年的研究为基础，涉及森林生态学、地理学和遗传学，通过识别幸存的健康种群并对它们进行保护，将具有遗传抗性的树木作为移植库。幸存的树木和移植对物种的存续至关重要，这就产生了一个问题，现在我们需要 7~20 年的时间才能识别、验证出抗病树木，而在一个拥有 23andMe（一家基因检测公司）和快速基因检测的时代，是否有比这种方法更有效的途径？

***

2016 年，一个大型科学家联盟对糖松基因组进行了测序，戴维·尼尔（David Neale）也在其中，他是加州大学戴维斯分校的植物科学家和遗传学家。[24]“基因组”是编码生物的基因集合，物种的完整基因组就如同一本冗长的巨著，整体性状的表达相当于把这本书翻译成一只老鼠、一棵树甚至是一株豌豆，其复杂程度远远超出了格雷戈尔·孟德尔的想象。20 世纪很长的一段时间里，科学家们只能阅读几个单词。虽然他们能对特定的基因进行测序和鉴定，但如果没有其他基因和遗传控制，就相当于没有上下文。20 世纪 70 年代，诺贝尔奖得主沃特·吉尔伯特（Walter Gilbert）、弗雷德·桑格（Fred Sanger）等人取得了突破性发现，他们的技术加快了科学家的测序速度，提高了他们读取基因信息的能力。尽管如此，科学家们仍然无法知道整个故事，甚至段落中的有些单词都处于乱码、缺失或无序的状态。那时的计算机功能尚不发达，这项工作既烦琐又昂贵。但是，当时间来到 20 世纪末时，科学家们不仅能够阅读完整的句子和段落，甚至在某些情况下能够读懂一本书。这为我们打开了一扇全新的门。

有一种细菌能造成肺炎，1995 年，科学家首次破译了这种细菌的全基因组，然后他们对线虫的基因进行了测序。21 世纪初，人类基因组测序完成，科学家们惊讶地发现，人类只有 2 万 ~2.5 万个基因，我们竟然是由这么少的基因所决定的。人类的遗传物质大约可以浓缩到 205 厘米长，6.4 皮克重（1 皮克是 1 克的万亿分之一）。由于性别不同，女性的遗传物质比男性稍长、稍重。[25] 随后，科研人员又对病原体、实验动物、模式植物、常见作物、昆虫和鱼类进行了全基因测序。因此，对树木基因组进行测序只是时间问题。首先是美国黑杨，其次便是桃子这样基因组很小的开花树木，挪威云杉、白云杉、火炬松和花旗松则紧随其后。糖松是白松中首个进行测序的物种，它大约有 310 亿个碱基对（它们构成了 DNA 双螺旋结构中的“横档”），这也是有史以来最大的基因组。[26] 为了方便大家理解，与之相比，人类只有大约 30 亿个碱基对。

对于那些由多基因共同作用产生的性状而言（例如抗性），发现它们并将它们与基因关联起来的复杂程度远高于单个显性基因。全基因组关联研究（Genome-Wide Association Studies，GWAS）是应对策略之一。当科研人员对人类基因组进行测序时，遗传学家便使用全基因组关联研究将遗传变异与某些疾病联系了起来。这是个数据量极大的工程，要将整个基因组进行比较，每次对比一个基因位点的差异。尼尔说，对某种生物的基因组进行测序就像列一个零件表，接下来就是对种群中更多的基因组进行测序，并找出变异位点，最后将遗传变异与相应性状或特征的表达联系起来。[27] 想象一下我们如何在人类身上实现这一点。首先选取 1000 名志愿者，对他们进行疾病易感性筛查，并按照 1~10 的等级打分，然后对每个人的 2.5 万个基因进行分型，再根据易感性评分与每个基因进行比较，最后进行个体间的比较。大部分基因都与疾病无关，这就意味着基因对疾病无影响或影响很小。偶尔会有一个基因与疾病的易感性相关，想要得出这一结论，就要耗费大量的人力及物力。科研人员早期曾对人类基因组进行测序，该项目花费了数年的时间，耗费了十几亿美元。而现在，随着科技的发展，人类基因组的测序成本还不足 1000 美元，几天内就能完成。[28]

戴维·尼尔的下一个目标就是白皮松。2020 年，美国鱼类与野生动物管理局提议，将白皮松列入国家濒危物种名录。一旦获得批准，该名录将会促进遗传学的发展。研究任何一种树的基因组并识别出它们的特定基因都是一项大工程。不过总有一天，护林员们只需将一根松针扔进管子里，过几小时就能知道它是否抗锈，以及它的抗锈原理。

基因组的研究方法是一项强大的技术，能加快目前的检测工作。一旦在白皮松的基因组中发现了抗锈基因，DNA 的快速检测就能让研究人员找出最有前景的母树，接下来它们的种子就要经历严峻的抗锈菌挑战。而传统方法即使不耗费几十年的时间，也要耗费几年的时间。

受外来病虫害侵扰的树木不止白皮松，因此，它们的修复工作也能借鉴白皮松修复过程中积累的经验。虽然现代遗传学（基因组学）能加快树木的筛选过程，但它们的生长、成熟和繁殖时间尺度与我们的截然不同。树木的修复和保护工作将持续几十年到几个世纪之久，当代人很难享受到未来的成果。托姆贝克说，即使科学家们修复了 20%~30% 具有抗性的树木，最终的成败还是取决于星鸦。白皮松的种子曾是它们理想的食物来源，希望星鸦不要放弃它。要想取得成功，离不开新一代科学家、环保主义者和托姆贝克及其同事这样的敬业公民的共同努力。[29]

树木是地球上最长寿、最古老的生物之一，有些树木活了几千年。当某个物种战胜了重重挑战，如自然灾害、气候变化、昆虫的周期性爆发、森林火灾等，所荣获的勋章都会刻进它们的基因里。有些基因能让树木的种子更加适应火灾后的焦土，有些则会抵御甲虫的爆发。但是，如果遇到了突发状况，自然选择不会让它们适应和生存。这就是现在的树木所面临的窘境，例如美洲栗、白皮松、榆树、澳大利亚的桉树和夏威夷的多型铁心木。就像五针松一样，如果树木有丰富的遗传多样性，它们就能通过非自然选择的过程——人为育种——生存下来。几个世纪以来，农民都在使用这种方法。这是我们最伟大的发明之一。

第7章 | 多样性

2003年，农业学家兼社会学家卡里·福勒（Cary Fowler）和他的同事亨利·尚兹（Henry Shands）想到了一个拯救世界植物多样性的办法。他们都曾从事过农业工作，熟悉全球的饮食文化和经济，因此，他们比大多数人都清楚，好的种子才能养活更多的人口。即使将这些种子储存很多年，它们也能迅速发芽，长出健康的植株。当然，他们也知道农作物丧失基因多样性的后果。种子就像受精卵，携带着物种繁殖所需的全部DNA，它们几乎是食物最基本的单位（除了香蕉等其他无籽食物）。

在我们的农业历史上，相关的育种和食用植物改良过程并不严格。在每个品种的基因深处，总藏着一些野性。麦田或稻田里有很多变异株，它们总能在高温、高盐或病虫害的侵袭中幸存下来。这些保留了遗传多样性的作物被称为地方品种（Landraces），[1] 它们都是农业历史上的主要作物。20世纪，植物育种学家已经对遗传学有了更深入的了解，因此，他们在应对育种发现的问题时变得顺手起来，不仅能保留自己喜欢的性状，还能淘汰其他不利的性状，有效地利用了作物的基因。这些栽培植物在基因上更统一，可预测性更强，因此，现在的很多地方品种都被它们取代了。当农民不再种植某种本地品种时，这种植物的基因库就会缩小。虽然我们得到了口感更好、外观更美、产量更高的果蔬，但付出了减少基因多样性的代价。

收成在成吨成吨地增长，基因却被扔到了一旁。[2] 以前受欢迎的作物有成百上千种，而现在只留下了表现最好的一种。美国的小麦、玉米和西红柿能迅速生长，可以抵御病虫害，成熟后就会被运往全国各地，甚至更远的地方。貌似一切都很好，但是从1903年到1983年，卷心菜的品种从500多种缩减到了20多种，西红柿也减少了300多种，而花生几乎丧失了多样性。[3]在众多果蔬中，人们逐渐淘汰了对植物有益的特性［例如防病虫害的化学物质，以及能抑制捕食者（包括人类）啃食的化学物质］，取而代之的是美味的块茎、根、叶和果实。作物品种越来越单一，一旦遇到病虫害或天气灾害，作物大面积歉收的风险也随之加剧。不仅美国如此，全世界都这样。

早在20世纪，植物育种家、科学家、农民和业余爱好者就开始担心，万一失去了地方品种和受欢迎的农作物品种，人们该怎么办？因此他们开始收集和保存种子。有些人是为了保存优良的传统品种，有些人则是为了保存物种的多样性。他们坚信，如果不这么做，物种的多样性早晚有一天会丧失，那时，全世界将陷入粮食短缺的状态。20世纪90年代初，联合国粮农组织聘请卡里·福勒评估了世界作物多样性的现状。福勒写道："我和团队的发现令人震惊。"[4]世界上最宝贵的自然资源——食物的种质资源——处于危险之中。几年后，他和尚兹提议，要为世界植物的多样性筹建一个备份系统，确保我们能为后代留下好的种子。

2006年，位于挪威斯瓦尔巴群岛的全球种子库（Global Seed Vault）开始收集第一批种子，福勒是这个项目的领头人。有人称之为"末日种子库"（Doomsday Vault），但福勒不喜欢这个名字。种子库距北极大约有700英里，它的入口会让人们联想起科幻小说里的传送门，一个能连接未来和预言的入口，通向一个无法居住的星球的避难所。这里有数十亿颗种子，门廊是从岩石中开辟出来的水平隧道，大约有 130 米长。大厅位于走廊的尽头，上面覆盖着发光的冰晶，福勒称之为“大教堂”。门上覆盖着冰层，通向 3 个独立的房间，每个房间都由重金属门保护着，温度大约在零下 18℃左右。这就是个巨型的防爆冰柜。[5]

20 世纪初，苏联列宁格勒的全联盟植物工业研究所（All-Union Institute of Plant Industry）是世界上最大的种子收藏中心。这些种子主要由尼古拉·瓦维洛夫（Nikolai Vavilov）收集而来。他和美国农业部的探险家大卫·费尔柴尔德、弗兰克·迈耶（Frank Meyer）一样，在世界各国搜寻着可食用作物。他还研究了遗传学，了解植物基因在疾病免疫上的价值。苏联在应对饥荒方面有着丰富的经验，瓦维洛夫想以种子银行的方式解决未来的饥荒。1941 年，阿道夫·希特勒在围攻列宁格勒时，导致 200 万市民陷入饥荒。国家的种子银行里储存着 30 多万种植物的种子，包括土豆、大米、玉米和小麦。顺便提一句，在储存时，这些种子是可以食用的。当地的难民知道这一点，德国人可能也知道。几个苏联的植物学家为了保护这批珍贵的宝藏，就把自己锁在里面，虽然周围都是粮食，但他们坚决不吃。德国人的围城持续到了 1944 年。1942—1943 年，至少有 9 名植物学家死于饥饿——因为他们要保护珍贵的种子。[6]1943 年，瓦维洛夫因饥饿去世，当时的人指控他为英国间谍，他被判入狱 20 年。[7]

从 20 世纪六七十年代开始，世界各地都出现了种子银行。到 2010 年，全世界大大小小的种子银行有 2000 个，存储的种子样本超过了 700 万份。[8] 在这些种子银行中，有些专门存储几种作物，有些只能储存有限的种子，有些则能存储大量种子。国际水稻研究所位于菲律宾，有一批水稻储存在里面；国际玉米小麦改良中心位于墨西哥。除此之外，世界各地还分散着几百个种子储存中心。美国农业部农业研究局遗传资源保存国家实验室位于柯林斯堡的科罗拉多州立大学的校园内，它也是个种子库。[9] 该种子库是美国农业部国家植物种质资源系统的一部分，除此之外，还有华盛顿普尔曼的种质资源站（里面储存了苜蓿、鹰嘴豆和生菜），以及艾奥瓦州的艾姆斯种质资源站（里面储存了玉米、小米和藜麦），纽约日内瓦还有个储存苹果、樱桃和葡萄的种质资源站。从某种程度上来讲，柯林斯堡站属于后备基地，其他站点的种子和种质都会被送到这个抗灾的混凝土建筑里，以便进行深度储存。20 世纪 90 年代，该机构开设了动物基因库；21 世纪初，又增设了用于研究的病毒库、真菌库和细菌库。[10] 美国农业部的种质资源库现在约有 13000 种植物种质，其中大部分是种子，也有根、芽和休眠芽，包括濒危植物和种质资源保护机构的种子（例如白皮松种子）。除此之外还有精液、血液以及来自奶牛、鲑鱼、蜜蜂和螺旋虫的 DNA 片段。[11] 这其实是国家的粮食库。美国农业部的一位科学家称，对于美国和世界各国来讲，这是隔在粮食安全和全球饥饿之间的“一条纤细的绿色线”。[12]

然而，早在 2003 年，福勒和尚兹就曾表示过忧虑，因为在全球范围内，真正安全的种质资源库没几家。很多种子库都面临着资金不足的问题，因此，他们无法购买所需的物品；有些种子库建在政治不安定区域，几乎（根本）没有安全保障；还有一些种子库的冰柜不太稳定。福勒说："许多基因库，与其说是库，不如说是收容所，只有几间档案室而已。"[13] 于是他们启动了 B 计划。截至 2015 年，他们要将 200 多个不同国家的 90 万份特有的样本，即数百万颗种子存放到全球种子库。[14] 福勒的目标是从 150 万份作物中收集 10 亿颗种子，当发生全球性灾难时，例如作物因快速变化的气候而大面积死亡，或是爆发了一场大规模的真菌感染，抑或是战争或其他环境灾难摧毁了现有的种子库，那么，储存在寒冷的大山深处的种子库将成为全人类的未来。

***

有史以来，小麦秆锈病是最可怕的作物传染病之一。几千年来，这种病一直困扰着农民。当作物感染它们后，有时会呈现为深红色的孢子堆，因此，古罗马人就用红狐、狗和其他动物来祭祀，希望能安抚锈神。现在，人们无论在哪里种植小麦，都有感染小麦秆锈病的风险。1916 年和 1935 年，锈病在美国农场大面积爆发。和其他锈病一样，例如白松疱锈菌病，茎锈病还有一个宿主——小檗。因此，1916—1970 年，小檗死亡了数亿棵。[15] 有些地区的粮食保障系数较低，锈病会带来严重的饥荒。对人类来讲，锈病是一种威胁。墨西哥和其他地区一样，锈病猖獗。1944 年，洛克菲勒基金会派诺曼 · 博洛格（Norman Borlaug）前往墨西哥，他是一位年轻的植物病理学家。博洛格的任务是改良这里的小麦，帮助墨西哥的下一代农民。30 年后，他荣获了诺贝尔和平奖。

1933年，当博洛格还是一名大学生时，他目睹了一场由牛奶引发的骚乱。牛奶价格下跌，因此有些地方的牛奶工人开始罢工，他们掀翻了牛奶卡车，殴打阻止他们的人，而周围饥肠辘辘的市民只想要口食物。当他们在明尼阿波利斯街头包围一辆送奶车时，混乱爆发了。他说，当他看到饥饿带来的绝望时，便毅然决然地走上了这条改变农业历史的道路。[16] 大学毕业后，博洛格偶然间结识了一位研究茎锈病的植物病理学家。[17] 当他到达墨西哥时才发现，茎锈病很普遍，种植小麦基本上成为"一种管理锈病的练习"。[18] 博洛格撸起袖子，打算将小麦培育成一种适应性更强的农作物。

多年来，博洛格对不同品种的小麦进行杂交，终于捕捉到一些有利的遗传性状，其中最重要的一种便是抗茎锈病的遗传性状。小麦的基因多样性高，品种多，能够相互杂交，其中有些种类具有抗锈病基因，这是他能取得成功的前提。Sr31基因是一种抗性基因，博洛格培育的小麦里便含有这种基因。几十年后的今天，全球约2.2亿公顷的土地上种植了7亿吨携带Sr31等各种抗性基因的小麦（小麦新品种的产量比以前更高，但对化肥和农药的依赖程度也更高）。[19]

基因的多样性拯救了作物，但小麦的基因库已经萎缩了。世界上90%以上的小麦都是普通小麦（*T. aestivum*），其余大部分是硬粒小麦（*T. turgidum*），大部分靠Sr31基因保护。

1998年，东非出现了一种猛烈的小麦秆锈病菌株——Ug99。这种真菌能战胜Sr31的抗性，因此，科学家和农民担心这种真菌会造成全球大流行。当Ug99首次出现时，博洛格就曾怀疑，曾经的成功是否会成为将来的灾难。博洛格写道，锈病的流行就像野火，疾病的爆发所需的只是燃料——“易感植物的广泛分布”，再加上有利的气候条件、接种物和风，而现在“一切具备”。[20] 易感小麦品种的种植面积高达数亿公顷，因此产生了大量的“可燃物”。为了应对疫情，在博洛格的呼吁下，成立了全球锈病协作网（Global Rust Initiative，现在以他的名字命名）。小麦作为全球最重要的作物之一，该项目的目的就是确保它的安全。这里汇聚了数百个机构的数千名科学家和小麦种植户。

截至目前，Ug99 并未像科学家所担心的那样席卷全球。这是一件幸事。莎拉·古尔（Sarah Gurr）是研究粮食安全的植物病理学家，她一再强调，人们夸大了 Ug99 的危险，虽然它很猛烈，易感品种很多，能感染小麦的锈病变异株也很多。2000 年，欧洲出现了一种新的锈病变异株，造成西西里岛、西伯利亚西部、丹麦、瑞典和英国作物的大面积死亡。接下来就是气候问题。随着气候的变化，热浪不断席卷田地，从而使小麦的易感性增加，尤其是欧洲地区。古尔说：“植物的疾病免疫力会发生变化，真菌也会适应升高的温度……我们要更深入地了解这些现象，希望小麦的遗传史中曾出现过耐高温抗性基因。”[21]

自从出现了 Ug99 和其他锈病菌株后，小麦育种家就一直在小麦的野生亲缘种里寻找储存在基因库中的抗锈病基因。[22] 不过小麦和其他作物一样，繁殖过程相对较慢，“每次当你在小麦或土豆里插入一个新基因后，都需要多年的田间试验来评估它的有效性”。[23] 现在，小麦育种者正在与茎锈病进行基因赛跑。这种真菌的进化速度很快，就传统的小麦育种而言，育种者主要依赖植物基因组中的单一显性抗性基因。但最后，就像古尔所说的那样，“要么得到100%的保护，要么引发彻底的灾难”。还有大量的真菌孢子，“如果我们在锈病爆发时仰望天空，生长季土地上的孢子量高达10^{11}颗/公顷。数十亿颗孢子飘荡在田野的上空，在它们看来，下方就是食物的殿堂”。了解了真菌的进化方式后，以我们目前的繁殖策略来看，能跑赢的概率并不大。与进化相比，我们的策略太慢了。

虽然有些小麦品种经基因工程改造后具有抗锈病的特性，但到目前为止，这些抗锈病小麦还无法合法地在田间生长，它们尚未得到政府的批准。[24]“最令人沮丧的是，杀菌剂是我们的首选武器”，古尔补充道，这是另一个问题。[25]如今市面上较为普遍的杀菌剂都以酶为首要目标，这些关键酶会参与真菌的正常工作。因此，杀菌剂的作用会更具体，造成的影响更小。与此同时，真菌进化出耐药性的可能性也会更高——或者是目标酶在发生了轻微的变异后，仍然保持着活性；或者是真菌发生了基因复制，产生了更多的目标酶。

三唑类杀菌剂是农业杀菌剂中最常见的一类。这种化学物质所针对的酶在真菌细胞膜的构建过程中起着重要的作用。[26]如果细胞膜被破坏，真菌将无法生长。以唑类为基础的药物也会用到人类的治疗中。在系统性真菌感染中，人们用它们治疗烟曲霉。虽然土壤传播的真菌及其孢子无处不在，但它们很少打扰我们。不过，对于那些免疫力低下的人群来说，烟曲霉造成的肺部感染可能会危及患者的生命。一旦真菌进化出了抵御唑类药物的能力，那么清除起来就会更难，造成的死亡率也会更高（根据治疗方法的不同，死亡率在50%以上）。[27]2007年，在荷兰工作的科学家发现了一个奇怪的现象。从病人身上分离培养出的烟曲霉突变了，它们对唑类药物的耐受性升高了。[28]对接受长期治疗的患者而言，真菌可能会进化出抗药性，这点并不奇怪，几乎是意料之中的事。但有些患者之前从未接触过唑类药物，在这种情况下，从遗传学的角度来讲就有些奇怪了。感染他们的真菌是如何进化出抗药性的呢？人们推测，真菌可能暴露在了唑类物质中，最有可能的便是农场里使用的唑类杀菌剂。[29]

10年后，人们在从荷兰进口到爱尔兰的郁金香球茎上发现了耐唑烟曲霉。[30]世界上大部分的郁金香和至少一半的球茎都是从荷兰出口的。为了避免球茎受到有害真菌的侵染（顺便提一句，这里不包含烟曲霉），人们会把球茎浸泡在杀菌剂中，并在生长季向农田里喷洒杀菌剂。[31]整个生长季及生长季结束后，工人们会把球茎和枯死的郁金香叶片收集起来，放在堆肥堆上分解，而烟曲霉则会在这里茁壮成长。随后的研究发现，堆肥堆中的耐药株数量最多。烟曲霉就像一个无辜的旁观者，对一种从未想杀死过它们的杀菌剂进化出了抗药性。自此，世界各地都发现了具有类似突变功能的烟曲霉（抗唑类药物），这些抗唑类菌株不仅与花卉行业有关，还与作物的种植有关，它们出现在谷物、土豆和草莓等作物生长的土壤里。[32]2006—2016年，美国农业中的三唑类杀菌剂用量翻了两番，其中用于小麦作物的唑类杀菌剂量遥遥领先。[33]

古尔建议道，如果杀菌剂仍是一种行之有效的防御手段，那么，在可预见的未来，我们还需要新的杀菌剂，包括专门针对真菌的杀菌剂（对动植物的毒性更低），以及针对多个靶点的杀菌剂。[34] 寻找基因多样性能让我们摆脱有毒的化学物。也许我们永远无法挣脱束缚，但我们可以努力减少束缚。新研发的低毒杀菌剂应该与人类药物完全不同，这样我们就不用以牺牲人类安全为代价来保护作物。种群的遗传多样性与物种的遗传多样性是一回事，物种、菌株和变异之间也存在多样性，这些都是来自 DNA 的防御措施，如何才能最大限度地利用它们来保护我们的食物还是一个尚未解决的问题。前进的方向是尽可能扩大作物的遗传多样性，培养消费者对不同品种的小麦、蔬菜和水果的接受度。

***

当华蕉这样的作物感染疾病时，业界的本能反应是保护或改良这种作物，因为这个品种是他们种植的，也是消费者期许的。在这种思维方式的影响下，人们长期、大量地种植单一作物，我们都是同谋。现在，应该创新和改进栽培技术，对抗性不同、口感好的新老品种进行轮作。该领域的科学家认为，我们应该支持小种植者，摆脱单一栽培。一般来说，田地的种植面积更小、更多样化，疾病问题也更少。[35] 换句话说，多样化，多样化，多样化！

当大麦克香蕉死于首轮枯萎病时，香蕉育种者开始培育抗病品种。虽然他们没有成功，但他们有一个备选方案：华蕉。随着新发枯萎病的不断传播，备选方案也需要备份计划。香蕉育种家罗尼（Rony Swennen）想到了一个方案。2019 年，斯文纳带领比利时鲁汶大学的热带作物改良实验室（Laboratory of Tropical Crop Improvement），在国际生物多样性香蕉种质资源交换中心的赞助下，组织了一场世界上最大的香蕉多样性收藏。[36] 现在，斯文纳负责国际热带农业研究所的香蕉育种项目，这是一个位于尼日利亚伊巴丹的非营利性研究机构。20 世纪 70 年代，那时的斯文纳还很年轻，他在非洲的国际热带农业研究所工作，任务是收集整个非洲大陆农场和森林中的香蕉标本。从那时起，他就开始研究种植香蕉的最佳办法，其中之一便是农作物的多样化种植，而国际生物多样性香蕉种质资源交换中心收藏了大部分的种子，都保存在鲁汶大学。这里至少有 1500 种香蕉和大蕉，其中可食用的有 100 种，有甜味的有 40 种，它们分别来自东非、刚果民主共和国、越南、印度，几乎遍布了所有的香蕉种植地。

奇怪的是，人们所种植的大部分香蕉都没有能存活的种子（回想一下你最近吃的香蕉，里面的四个小黑点是种子的残留物），这也意味着我们无法收集和留存香蕉的种子。国际生物多样性香蕉种质资源交换中心储存的是细胞团，它们来自香蕉嫩枝的生长尖端，即分生组织。这些分生组织要么在试管中长成幼苗，要么被冻在液氮中，当它们解冻后，就能培育出小香蕉苗。这所大学的地下室里储存着成千上万支试管，每支试管上都盖着亮黄色的塑料盖，试管里有几毫升的基质，小香蕉就长在上面。为了满足其他科学家和育种家的需求，国际生物多样性香蕉种质资源交换中心会向全球各地发送数千份香蕉样本，大多数样本都被送到了发展中国家，这里的农民仅能维持生计，他们希望自己种植的香蕉能够抵御香蕉枯萎病、黑条叶斑病、线虫或气候问题。[37] 因此，储存在国际生物多样性香蕉种质资源交换中心的大量基因堪称香蕉的未来和希望。

从华蕉到大蕉，大多数香蕉都是由尖苞片蕉和长梗蕉这两种不同的带籽野生香蕉进化而来。纵向切开后，尖苞片蕉里有成排的、大的黑色种子，就像珍珠一样，而长梗蕉里则有一个短的、几乎为椭圆形的种子。香蕉在外观、口感和基因上的区别很大。虽然这两种野生香蕉都有两套 11 条的染色体，属于二倍体，但我们所食用的大部分栽培香蕉都是三倍体，它们的细胞内含有三套染色体。三倍体的动植物往往不育，即使通过传统方式来培育这些香蕉，它们的后代也几乎无籽。香蕉的种子是经过几个世纪的培育才得到的，[38] 现在我们栽培的大部分香蕉（并非所有）都是通过克隆繁殖出来的。

“你可以培育任何香蕉”，斯文纳说，这表明杂交两根不同的香蕉是可能的。[38] 但这是一个复杂而乏味的过程。[39] 一旦把香蕉培育出来，就会面临寻找稀有种子的难题。杂交的植物首先要进行人工授粉，当果实由绿色变成黄色时，就能采摘了。为了收集一把种子，人们将成千上万根香蕉剥皮、碾碎、过筛。研究人员会把收集到的种子胚胎取出来种上，这样就能对新植株的高度、抗病性或口感进行评估了。早在 DNA 测序及其他新技术出现之前，当育种专家首次想用杂交的方法对付枯萎病时，可能要耗费几十年的时间才能得到想要的作物——如果能实现的话。斯文纳说：“现在，我们有成千上万株杂交种。”[40] 尽管如此，收集种子仍是一项艰巨的任务。斯文纳用数字描述了这个过程：从 13000 串香蕉中收集 25000 多颗种子，其中能发芽长成植株的种子大约有 800 颗（还不到 4%）。与水稻或玉米等其他种子作物相比，香蕉的种子量很低，但每一株杂交植物都充满了希望，它们可能会有高抗病性、生长快速或高营养的特点。[41]

总有一天，杂货店货架上香蕉的差异可能会很大。它们有可能是红色的、短的、粗的，有些淀粉含量更高，有些糖分更高。或许甚至会出现大量的低量喷雾香蕉，就像低量喷雾苹果一样，只需少量的农药。当这一切发生的时候，你应该知道，斯文纳、科马和其他人已经成功了，这将是一件值得庆祝的事情。

香蕉是主要作物中的一种。其实我们吃的每一口粮食，地里长出来的每一种食材都会受到真菌、细菌、病毒、旱涝、气候变化以及很多环境因素的影响。我们的食物、我们自己的救赎都在植物的基因中。

第8章 | 修复

托比山的山顶上有座消防塔，它离我家只有几英里远。你能从这里看到南部的霍利奥克山脉及通往康涅狄格州的峡谷，格雷洛克山就在河对岸的西面，离河有些远。托比峰的姐妹峰是牛山和咆哮山，在它们的肩部有片森林。大部分森林都是马萨诸塞大学的示范林，学生们能在这里学习和实践林业知识。这里有一片芬芳扑鼻的白松林，从某种程度上讲，正是得益于茶藨子属植物的清除工作，这些松树才能在锈病中幸存下来。还有古老的黑桦树，成荫的铁杉林，厚厚的松针落在小路上，踩在脚下软绵绵的。在枫树林里，破旧的屋棚上满是洞，圣诞耳蕨、干草蕨、管状蕨及其他几十种蕨类植物铺满了绿色的地板，装饰着岩石的缝隙。这里还有灌木状的美洲栗。

多年来，我在经过这些灌木丛时，并没有注意到它们长长的锯齿状叶子。直到有一年冬天，我才注意到一棵栗树。秋天，单一的毛刺从树上落下来；积雪消融后，它们便毫无防备地暴露在人们眼前。一个小栗树长到大约 20 英尺高时才会长出毛刺。它的树干裂开了，溃烂了。大约 1 英里外，有一座破烂的小屋位于两座小山峰之间的鞍点上，只剩下 4 英尺宽的石头壁炉、烟囱和几根老栗木。这座小屋是大学攀岩俱乐部建造的，他们用的正是鞍点上铁杉旁的栗树。[1] 现在，那里只剩铁杉了。当栗疫病出现时（由栗疫病菌侵入所致），该学校想“清除森林”的疫病，因此砍掉了这些树。[2] 自此，将近 1 个世纪的时间里，托比山的上层植被中再也没有出现过栗树。

现在，这些参天大树只剩下了树桩，上面长着枝芽，就像灌木一样。它们会生长、枯死、再生长，就像电影《土拨鼠之日》（*Groundhog Day*）一样。当栗树消失在托比森林以及阿巴拉契亚山脉向西和向南的方向时，森林生态系统还在继续维持。但我们相信，栗树终有一天会崛起，在橡树和铁杉之间争得一席之地。

***

栗树有一个共同的祖先，[3] 那是一种非常像栗树的树，这种树进化出了其他的栗树。如果你穿越时光，来到“栗树老祖”出现之前，那么你或许会碰到“一种橡树、栗树、南方山毛榉的混合体”。栗属植物首次在古新世（Paleocene）出现，大约在 4000 万 ~5000 万年前，它们舍弃了充满能量的果实，从东亚到北美，横跨北半球的温带森林。这种树很可能来自亚洲，随后在各大洲开枝散叶。随着时间的推移，不同的种群开始进化、分化，并逐渐适应了他们的环境。时间来到 19 世纪初，美洲栗长得又快又高；而很多亚洲栗在经过了数千年的果园培育后，矮小的树上结出了更大的坚果。

随着美国农业部的农业探索者计划进入全盛时期，该机构派出了敢于冒险的年轻人满世界搜寻食物和观赏植物。其中有位名叫弗兰克·迈耶的探险家，他最喜欢在荒凉的偏远地区寻找新奇的食物和树木。迈耶曾在大卫·费尔柴尔德（查尔斯·马拉特的死对头）手下工作，在中国的北方收集板栗并将其带回美国（尽管这发生在疫病爆发一年后）。1913年，迈耶再次来到中国，有人问他能否仔细地观察一下这里的栗树，看这里的栗树是不是有类似的病。迈耶骑着骡子走了大约1个星期才看见栗树，他发现，这些树都已经被感染，但是在给同事的电报中，迈耶写道，“没有一棵树死于这种疾病”。[4]他把感染了真菌的树皮碎片和树的照片发给同事，他们发现，中国栗树感染的真菌与美洲栗感染的真菌“几乎一模一样”，但这些树已经进化出了一种能与真菌共存的方法。迈耶的发现带来了希望，也许美洲栗能通过与中国的抗疫病栗树杂交获得一线生机。自此，科学家、育种者和相关爱好者就一直努力捕获这种抗性，并将其转移给美洲栗。植物学家亚瑟·格雷夫斯（Arthur Graves）便是最早的参与者之一。

1931年，当格雷夫斯开始培育栗树时，这种真菌已经感染了数十亿棵美洲栗，菌丝侵入到树木的形成层，扼杀每一棵树。格雷夫斯是布鲁克林植物园的园长，在康涅狄格州的哈姆登有个避暑别墅，在这里，他将板栗、日本栗和美洲栗进行了杂交。[5]他想得到一种既能抵抗枯萎病，又能像美洲栗一样又高又壮的树。当时，在培育树木的抗病性方面没什么好方法。东部沿海地区几乎没有抗病栗树，因此，培育杂交树——杂交两种不同的栗树——是唯一的选择。亚洲栗为什么具有抗性？参与其中的基因究竟有多少？这是一些完全未知的问题。

抛开遗传学不谈，栗树的培育也需要一定的技巧。虽然同一棵栗树上既有雄花又有雌花，但它们不是自花授粉植物。雄花的花粉长在长长的毛虫状的花束上，即葇荑花序，风和昆虫会将花粉粒传到邻近的树上；雌花则是又短又粗的绿色毛刺，静静地候在栗树枝的顶端。格雷夫斯的果园里种着栗树，他会在即将成熟的雌花上套个纸袋，从而控制授粉。授粉时，他从供体雄花上剪下花絮，把它们拉到雌花上播撒花粉。当毛刺成熟时，格雷夫斯会给它们套上袋子，防止正在生长的果实遭到松鼠的偷袭。[6]几十年后，当种子从幼苗长成大树，杂交的结果也就展现出来了。有些树具有抗性，但长得不高或不直；有些树长得像美洲栗，但随后就会溃烂、死亡；还有一些杂交树看起来不错，但又不耐寒。30多年里，格雷夫斯套袋、杂交，种植了上千棵栗树。[7]他坚信，在这几千棵树上长出的几百棵幼苗中，至少有一棵是合适的。不过这些树并没有如其所愿。[8]

若干年后，科学家们发现，有些抗性基因可能与其他基因有关。在繁殖过程中，基因会进入子代种子，此时染色体上临近的连锁基因将会“一起旅行”，后代会同时获得全部或大部分基因。就人类而言，决定发色和眼睛颜色的基因是相连的，比如棕色头发和棕色眼睛，浅色头发和浅色眼睛。遗传连锁能解释抗枯萎病性状和分枝结构似乎是一起出现的，也许这就是培育抗枯萎病大树远比格雷夫斯想象的困难的原因。[9]

当格雷夫斯对树木进行匹配和授粉时，同时代的美国农业部工作人员也在寻找外形和功能的正确组合，他们在十几个州种植了成千上万棵杂交品种。拉塞尔·克拉珀（Russell Clapper）是美国农业部驻康涅狄格州的研究员，1946年，他所杂交的树是这些树中最有希望的，这种树后来被称为克拉珀树（Clapper tree），是杂交和回交的产物——外形是美洲栗的中美杂交树。在最初的杂交中，幼苗会从亲本处得到大致等量的基因；杂交的后代再与美洲栗杂交，因此，克拉珀树的外观更像美洲栗，但它们又在其中国栗祖辈那继承了强大的抗性。克拉珀树平安地度过了20多年，它似乎具有抗性。然而在它25岁生日时，枯萎病出现了。5年后，它死了。[10]几十年间，数百次杂交、成千上万棵栗树的种植和成长的惨败，足以凸显出遗传的复杂性。对于失意的育种家来说，这似乎是放弃的好机会。但总会有新的梦想家诞生。

查尔斯·伯纳姆（Charles Burnham）是一位退休的遗传学家和农学家，之前任职于明尼苏达大学，精通育种工作。早年间，他曾与作物育种领域的杰出人物共事，其中包括诺贝尔奖得主芭芭拉·麦克林托克（Barbara McClintock），她发现基因可以移动，改变自己在基因组中的位置；以及乔治·比德尔（George Beadle），他将基因与酶等产物联系了起来。伯纳姆花了50年的时间，研究玉米、豆类、大麦和小麦等作物基因的来龙去脉，揭示了不同基因的作用，以及它们在植物基因组中的位置。他知道如何培育出有用的性状（比如抗性），以及如何淘汰掉不想要的性状。20世纪80年代初，他在美洲栗中发现了一个新契机。他认为过去的育种项目之所以会失败，是因为走得不够远——在得到亚洲栗和美洲栗的杂交一代（F1）后就停止了，也就是亲本基因各占一半。除了抗性基因，还有无数基因决定着叶片的形状和大小、树枝的结构以及板栗的大小，这些造就了杂交种，即混合了许多性状的树。虽然克拉珀树做了次回交，向前迈出了一步，但仍然走得不够远。伯纳姆认为，经过更严苛的回交育种，才能培育出美洲栗的特征。该方法最初的应用对象是小麦和大麦等作物，自花授粉植物会产生基因更一致的后代，并且会在同一个生长季成熟，回交也会相对较快。但对树木来讲，这是一个完全不同的时间尺度，树木的繁殖培育需要几十年的时间。

和克拉珀树一样，伯纳姆的杂交一代（F1）将与美洲栗杂交。第一代的回交树被称为“回交一代”（BC1），“回交一代”的后代也要与其他美洲栗杂交。伯纳姆写道，理论上讲，到第三次回交的时候（BC3），后代基因中有15/16都是美洲栗。[11] 他相信，在剩下的1/16中会有一些抗性基因。当完成最后一次回交后，第三代回交栗树（BC3）将进行三代杂交，最后一代（BC3F3）应该是一种具有抗枯萎病性状的美洲栗。在伯汉姆的30年计划里，栗树基因会向下传递五代，长出成千上万棵幼苗。树木的种植、测量和挑选需要数百人参与，考虑到基因的多样性，他们的目标是培育出具有抗性的栗树品种，它们不仅能忍受格鲁吉亚夏季的高温，还能抵御伯克夏冬季的大雪。从乔治亚州的高原（或低谷）到田纳西州、北卡罗来纳州和马萨诸塞州，这些地方的栗树都将成为该项目的一部分。

伯纳姆知道，自己无法活着看到这个项目的完成，但有个组织能继续推进该项目并确保它的成功。[12]1983年，伯纳姆与诺曼·博洛格（培育抗锈病小麦的农学家）等人一起成立了美洲栗基金会（The American Chestnut Foundation，简称TAFC）。多年来，遗传学家、植物病理学家、退休人员、护林员以及民间科学家都凝聚在伯纳姆周围。这是一个由科学家和栗树爱好者组成的团体，他们的目的是重新恢复这种大多数人都未曾在野外见过的树。团队里的很多人都不会活着看到栗树在野外开花结果，基金会和志愿者们修复的不仅是一棵树，他们修复的是希望。

***

伯纳姆在研发这个项目时认为，抗性来自2个基因，因此，整个过程远比单基因复杂，但通过杂交和回交能解决一切问题。考虑到这一点，伯纳姆想到了一个好主意。但事实证明，抗性基因并不简单。

20世纪90年代，人们认为与抗性有关的基因有3个，而现在已知的抗性基因又多了好几种。美洲栗和白松的抗性育种计划一样，每一代栗树都必须进行抗真菌测试。该基金会项目的部分要求是：栗树应该在果园里长到一定的大小，这样它们才能暴露在真菌中。保罗·韦泽尔（Paul Wetzel）是一名生态学家，他不仅管理着史密斯学院的麦克利什野外站（Smith College's MacLeish Field station），还照料着美洲栗基金会一果园的幼苗。史密斯学院的数百名学生之前从未见过栗树，现在，他们需要栽种栗树，从它们身旁走过。果园与美洲栗基金会的合约是30年，这里有数百棵栗树，周围是一圈电栅栏，防止小鹿来偷吃树苗。最早的树是9年前载的，现在正在结果。这些栗树快到伯纳姆杂交的最后一步了，它们是BC3F2。更小的树长在这块地的后面，每棵树有不同的特点。有些树的叶片更长，锯齿更深，有些树比较矮，有些树比较高。这个果园在设计之初是为了找到一些具有抗性的树，因此，所有的树都挤在一起，相隔1英尺。这里有9块地，每块地里大约种了150株来自同一亲本的树，（新果园的间隔距离会更宽，这样能提高存活率）。中间缀着纯正的中国栗，它们是对照组。即便不考虑背阴、浣熊挖种子、小鹿啃食，还会出现干旱、雨和风带来的问题。有时候树木就这样死了。种满一个实验果园意味着栽种量远超目标数，目的是让幸存者能长到成熟。

当树长到几岁大时，就能测试它们的抗性了，此时会采用真菌直接侵染的方法。韦泽尔和美洲栗基金会的志愿者们先在每棵树的树皮上钻个小洞，然后用棉球刮下培养皿上的枯萎病真菌，再把它们塞进洞里，最后盖住创口。一旦出现溃疡，他们就会进行监测和测量。幸存者将会接种一剂毒性更强的真菌。韦泽尔的目标是找出 20 棵抗枯萎病的栗树，剔除剩下的树，给果园里的树创造更多的生存空间，然后让幸存者异花授粉、结果。从理论上来讲，这些树的种子具有抗枯萎病的特性，能再种植。遗憾的是，韦泽尔果园里大多数幼苗的基因组合都不正确。在前几十年，美洲栗基金会种植的很多树都遭到了枯萎病的侵袭。

2002—2018 年，伯纳姆育种计划进入了最后阶段，研究人员在美洲栗基金会位于弗吉尼亚州梅多维尤的实验农场里种植了近 7 万棵 BC3F3 树。根据遗传学算法，如果只有少数几个基因控制抗性，那么应该有 18 棵树，它们既能像祖辈（中国栗）那样抵御疾病，又能和美洲栗一样长得又高又快，叶片又长又有齿。然而到了 2018 年，实验结果很明显，栗树的抗性最多算是中等。当这些树接种了枯萎病真菌后，形成的溃疡虽然没有美洲栗那么厉害，但比祖辈（中国栗）严重。由此可以看出，抗性取决于 3 个以上的基因，无论基因结构如何赋予栗树抗性，它们都未进入回交系。[13] 随着育种工作的继续展开，基金会正在适应这个新现实。

2019 年，由 31 名科学家组成的联盟公布了中国栗的基因组。[14] 中国栗大约由 4 万个基因组成。杰瑞德（Jared Westbrook）是美洲栗基金会的定量遗传学家和科学部主任，他认为抗性不是由 2 个、3 个或 6 个基因控制的，而是由多个基因控制，它们分布在中国栗的 12 条染色体上。[15] 事实证明，抗性远比伯纳姆想象得复杂。人们很难掌握这些抗性基因在每条染色体上的具体位置，以及它们的确切作用。韦斯特布鲁克解释道："和生态系统一样，基因也是在网络中发挥作用的。" 这意味着并不是每个基因都与抗性直接相关，可能还存在一些控制基因，它们能开启或关闭其他基因的表达。这种复杂性赋予了中国栗持久的抗性，真菌还无法战胜它。这也解释了为什么我们的杂交育种无法培育出这种木料结实、树干笔直、耐腐蚀、果实甜糯的栗树。研究人员对基金会在梅多维尤培育出的杂交品种 BC3F3 进行了测序，测序结果显示，美洲栗基因的占比从 65%~90% 不等，平均在 83% 左右。"这并未达到伯纳姆 93.75% 的预期"，韦斯特布鲁克说道，它们的抗性也不如伯纳姆期望的那么高。[16]

***

当美洲栗基金会对栗树进行育种、回交时，纽约州立大学环境科学与林业学院的威廉·鲍威尔（William Powell）和查尔斯·梅纳德（Charles Maynard）却采取了不同的方法——基因工程。他们的工作得到了基金会的支持，这可能成为栗树修复工作的关键点。

威廉·鲍威尔从30年前开始，就痴迷于拯救栗树。一开始，他研究了一种叫作“低毒力”（Hypovirulence）的现象。低毒力真菌感染宿主及在宿主体内生长的能力较弱，因此，它们引起疾病的能力也较弱。20世纪初，当栗疫病席卷阿巴拉契亚山脉时，欧洲人也做好了应对类似损失的准备。欧洲的本土栗树和美洲栗一样，也感染了疫病，这些疫病可能来自亚洲，通过进口输入，但还未发生过健康树林变成枯死果园的情况。20世纪50年代，有位意大利植物病理学家发现，热那亚的栗树存活了下来，但无法解释其原因。10年后，一位法国农学家和他的同事发现，这里之所以没有变成第二个美国，原因在于真菌——在某些情况下，真菌的毒性很弱。当农学家将这种真菌注入栗树后，树木开始溃疡，这表明它被感染了。但溃疡随后愈合了，只留下球状的树皮痂。[17]欧洲人喜欢在果园里种栗树，这有利于真菌的传播，但栗树仍然活了下来。[18]这些科学家不知道的是，有一种病毒感染了引起枯萎病的真菌。病毒几乎能感染地球上的一切生物，从微生物到动植物。有些病毒能感染真菌和细菌，有些病毒还会感染其他病毒。有些病毒会杀死宿主，还有些病毒则无害。这种病毒感染了引起枯萎病的真菌，削弱了它们的力量。

20世纪70年代早期，真菌学家尚德拉·阿纳诺斯塔基斯（Sandra Anagnostakis）从法国农学家那里拿到了一份低毒力真菌样本，他开始用它们感染患病的树木，想知道这种真菌是否能治愈这种疾病。实验的效果非常好，可能致命的感染转化为较易被控制的感染。[19]在当时看来，这种病毒似乎是挽救美洲栗生命的关键，但救援从未实现。美国的一些栗树已经自然地感染了这种低毒力真菌，但与欧洲不同，这种真菌–病毒双生体并没有在美国大范围扩散。即便每棵树都接种过，但科学家们发现，美国有几种不同的真菌菌株，很多都与低毒力菌株不兼容，因此并不总能生效。[20] 在研究这种真菌时，阿纳诺斯塔基斯和他的同事发现了一些奇怪的事情。通常情况下，当枯萎病真菌孢子进食时，它们会释放一种叫作草酸或草酸盐的化合物。这种酸能让真菌进入植物细胞，是真菌感染植物时的常用策略。但低毒力真菌并不释放草酸盐，[21] 它们缺少这种关键的化合物。

这种真菌会释放一种化学物质，因此将其称为生物战恰如其分。微生物和动物会相互释放各种化学物质，有些会用化学物质来侵占或守卫领地，或者防止自己被捕食。植物会通过茎秆分泌萜烯（松香味的主要来源）和生物碱，针对病虫害的攻击，这些化学物质有一定的保护作用。有些真菌，例如青霉菌，它们会释放出青霉素，从而杀死细菌（我们会为了自己的利益而收集青霉素）。当涉及有毒的化学物时，这些化学物的攻击对象或许已经进化出了某种降低损害的方法，比如耐抗生素的链球菌和葡萄球菌，或者是抗真菌药物的曲霉。有些被草酸侵袭的植物也会这么做。香蕉、草莓、小麦和其他谷物会合成一种叫作草酸氧化酶的酶。人们发现，当真菌想利用草酸侵入植物组织时，这种酶能阻止它们。[22] 它们是单基因 OXO 的产物。美洲栗有着令人艳羡的抗腐能力，并且非常长寿，它们在避免病虫害入侵方面已经进化出了许多策略，体内会合成许多化合物。但是，枯萎病真菌和它们的草酸盐带来了新挑战——美洲栗缺乏 OXO 基因。鲍威尔此刻顿悟了，他把自己在生物防治方面的经验与对基因工程的热情融合在了一起。假如把 OXO 基因插入美洲栗的基因里，会发生什么呢？

对早期的生物工程师来讲，让农作物自己照顾自己是一个梦想。丹·查尔斯（Dan Charles）撰写了《收获之神》（*Lords of the Harvest*），他在这本书中描述了那些令人兴奋的早期基因工程。[23]工程师们把自己想象成了绿色“革命者”，能让农民不再使用农药。20 世纪 80 年代，孟山都公司率先发现并得到了一种名为 Cry 的基因——这是一种由苏云金芽孢杆菌合成的选择性杀虫蛋白。这种蛋白质只有在进入某些昆虫的肠道后，才会被激活。这些昆虫包括飞蛾的幼虫和其他植食性昆虫。早在孟山都公司开始进行试验之前，农民就已经将苏云金芽孢杆菌作为一种天然杀虫剂喷洒在作物上了，现在，农民仍在使用这种细菌喷雾剂。随着时间的推移，孟山都公司的工程师们发现了一种方法，能将 Cry 基因插入植物中，从而得到了苏云金芽孢杆菌棉花、玉米、土豆和其他作物。它们是目前应用最广的转基因作物，人们认为，它们的推广减少了杀虫剂的用量。但这场革命并没有像早期工程师们所预期的那样如火如荼。随后的项目更是培育出了一种抗除草剂作物，当时的思路是为了方便农民喷洒除草剂，在不伤害作物的情况下杀死周围的杂草或有害植物，人们将不用再除草或犁地。现在美国种植的大部分玉米和大豆体内都有抗除草剂基因。如今，苏云金芽孢杆菌、抗除草剂作物和其他作物的种植面积已经超过了 1600 万公顷，种植这些作物的人数有数百万，跨越了几十个国家。[24]孟山都这样的公司也已经从中赚取了数十亿美元。

随着转基因作物在农场上的比例越来越高，关注转基因作物对健康和环境所造成的影响的组织也越来越犀利，并发出了警告。因此，很多国家，包括欧盟的大部分国家，都禁止或限制了这种农作物的种植。[25]2016年,《纽约时报》深入调查了基因工程带来的影响，并在随后的文章中得出结论：转基因作物既没有提高产量，也没有减少农药的用量。[26]目标昆虫和杂草已经对转基因作物进化出了抗性，因此，农民只能加大农药的用量。但基因工程只是一种工具，它有自己的优缺点。尽管抗除草剂的转基因作物加大了除草剂的用量，但苏云金芽孢杆菌棉花和玉米这样的抗某种病虫害的作物的确减少了人们对杀虫剂的需求。[27]

有关基因工程的科学、政治都处于动荡的环境里，鲍威尔和他的同事想对栗树进行改造，为它提供一个自己抵御真菌的机会。他们最终的目的是改造一棵野生栗树，然后把它放归森林。这并不是为了满足某个人的利益。鲍威尔的努力坚持了30年，其间还有无数的合作伙伴、学生和技术人员与其并肩同行。现已退休的森林遗传学家查尔斯·梅纳德（Charles Maynard）主要研究如何在培养皿里种树，这样一来，一旦发现了候选基因，就能将其成功地插到单个细胞中，它们最终会长成每个细胞都有抗性的树苗。有些树能通过叶片培育出来，但栗树不能。斯科特·梅克尔（Scott Merkle）是乔治亚大学的森林生物学家和组织培养专家，他教导梅纳德如何在培养皿里培养栗树胚胎，即那些半透明的小细胞簇。鲍威尔的工作是发现合适的基因，再找到合适的办法，将其成功地移植到美洲栗的胚胎中。多年后，梅纳德和鲍威尔在插入基因和种苗方面变得越来越熟练。他们还试图插入几个中国栗的基因，为其提供一些抗性——尽管不会太多。与此同时，鲍威尔也看到一些相关知识，有些植物在经过基因改造后可以表达 OXO 基因。如果将 OXO 基因插入美洲栗中，它们就能自己合成草酸氧化酶，氧化病原体产生的草酸，最终防止真菌入侵。鲍威尔提出这一想法时是 1997 年。2006 年，他们终于种下了第一批含有 OXO 基因的转基因树，但这些树没有合成足够的 OXO 基因，因此最终死亡。经过 10 多年的反复试验，测试了中国栗的 20 多种不同的基因——这些基因要么无效，要么只是部分有效，梅纳德、鲍威尔及其他人出具了第一棵抗枯萎病的美洲栗的报告，[28] 关键是 OXO 基因。

2020 年 1 月，鲍威尔和其他人向美国农业部提交了一份包括附录在内近 300 页的请愿书，要求该机构批准 Darling 58 转基因美洲栗的栽种。[29] 那时，小组已经对转基因树的每个部分进行了测试，从根到芽，还有落叶对蝌蚪的影响，栗子的成分，以及转基因树根际土壤的微生物群落。不过审批的过程十分艰难。鲍威尔和基金会必须向美国农业部保证，这些树不会成为有害植物；向食品药品管理局保证，这些板栗能吃；向环境保护局保证，它们不会造成环境破坏。这份请愿书有 3000 多条评论，有赞成的也有反对的。罗琳・普法尔特（Caroline Pufalt）是塞拉俱乐部（Sierra Club）的代表，她认为，虽然每种转基因生物都有不确定性，但“经过可信、透明的科学过程，在预防原则的指导下，通过基因工程可能得到一些生物，它们不仅不会为生态系统带来威胁，还会带来好处。在这个案例中，修复衰落的本土树木便是给环境带来的好处”。但全球森林联盟却对这种短期性评估研究提出了质疑，他们认为，“假如人们大范围地种植了这种能存活数百年的转基因树，一旦它们在几年或几十年后出现任何问题，我们都无法召回它们”。[30]

这些具有抗性的树木获批后，将需要数年的时间才能在祖辈曾经生活的土壤上扎根，几十年后才能结出喂养野生动物所需的大量坚果。据鲍威尔说，这项工作的主要意义在于拯救，一旦转基因美洲栗获批，将不会有专利，也不会出现贩卖转基因栗树牟利的情况，大家可以自由地种植和培育转基因美洲栗。如果成功的话，我们就能通过这种模式来拯救其他死于外来病虫害的树木。[31]

***

鲍威尔等人培育出的美洲栗属于转基因植物，转基因是将一种生物的基因插入另一种完全不同的生物体内。在过去的 10 年里，CRISPR/Cas9 系统改变了科学家们研究基因工程的方式。这是一项突破性的技术，由诺贝尔奖得主詹妮弗·杜德纳（Jennifer Doudna）和艾曼纽尔·查彭蒂尔（Emmanuelle Charpentier）研发。该技术以细菌的免疫防御为基础，来清除入侵的病毒。CRISPR/Cas9 系统的 DNA 上有一段重复模式（CRISPR），还有一种名为 Cas9 的插入蛋白，这种蛋白会对 DNA 的特定区域进行靶向切割。因此，杜德纳和查彭蒂尔研发了一种方法，用这种“基因剪刀”来编辑生物体的遗传密码。研究人员能利用 CRISPR 修复有缺陷的基因，打开或关闭一个基因，在不插入外源基因的情况下修饰生物体，关闭与真菌结合的植物受体基因，对免疫基因进行编辑，从而加快其反应速度。因此，在该系统的帮助下，科学家编辑 DNA 就像作家编辑 Word 文档一样。这项技术很新，科学家们还没有将其应用到树木保护领域，即抵御疱锈病、栗树枯萎病或其他森林真菌侵害方面。但这项技术给西红柿、可可、大米、葡萄、棉花和香蕉等农作物带来了希望。[32] 在不久的将来，科研人员可能会用基因编辑系统 CRISPR/Cas9 修饰香蕉的基因，加强它们抵御疾病的能力。[33]

詹姆斯·戴尔（James Dale）是澳大利亚昆士兰大学的生物技术专家，2017 年，他和同事将一种野生香蕉的枯萎病抗性基因插入到华蕉中。戴尔说，东南亚有种名为“*malaccensis*”的香蕉，是尖苞片蕉的一个亚种，这种香蕉可能与 TR4 病原体发生了协同进化。在有抗性的野生香蕉中，一种名为 RGA2 的抗性基因会大量表达，但在易感香蕉中却没有表达的迹象。[34] 经过广泛的田间试验，他证实这是一种抗真菌华蕉。目前，他们的工作已经止步于此。“我们还没有在这些方面取得进展，因为这些品系仍被归为转基因或基因修饰植物”，戴尔说道。[35] 在政治和公众方面，基因工程的推广仍存在阻力。不过，人们的态度也在不断地发生变化，再加上基因编辑技术，这是一种更容易被人们接受的技术。

现在，戴尔通过 CRISPR/Cas9 技术，提高了华蕉中 RGA2 抗性基因的表达。[36] 栽培种里就有这种基因，但它们处于休眠状态，戴尔想打开它们。另一种编辑办法就是剔除“易感”基因——这些宿主基因为机会性真菌提供了共存的机会。如果成功的话，包括澳大利亚、北美和南美的大部分地区以及日本在内的几个国家可能不会将这种不含任何外源性DNA的转基因植物当作转基因作物来监管。[37]但是，就像鲍威尔的栗树一样，我们仍然不知道种植者和消费者对这种方案的接受程度。[38]

***

如果这些栗树通过了联邦政府的审批流程，那么它们将是首个以修复为目的而被改造的植物，也是首个被批准进入野外的转基因植物。当然，将树木重新引入野外完全是另一个项目。栗树和白皮松一样，需要自己的空间。它们是喜光植物，因此长得比较高。当其他树木遭遇了大风、火灾或雷击后，茂密的森林就会出现缺口，从而给它们创造了生长的机会。树木的重新引入需要合理的森林管理制度和妥善的安置地，这样它们才有茁壮成长的机会。

萨拉·菲茨西蒙斯（Sara Fitzsimmons）是美洲栗基金会修复工作的负责人，据她推算，虽然我们种了数百万棵抗性栗树，但也要等上几个世纪的时间，大家才能在成熟的栗树林中漫步。[39]既然拯救这种树要耗费这么大的心血，那我们为什么还要花费精力、时间和金钱来进行一个为期2000年的项目呢？为什么不能让它们自生自灭呢？新英格兰安提阿（Antioch）森林生态学家兼作家汤姆·韦塞尔斯（Tom Wessels）长期以来都在思考这个问题。

他说，让我们先将森林想象成一个免疫系统，然后再考虑物种消失的危害。当一个物种消失时，系统就会受到损害，它将无法正常工作，抵抗力也会受到影响，而干扰因素却一直都在：新发病虫害、气候变化。另一方面，当一个物种消失时，由它构建的群落、以它为食的猎物、受它庇护的生物会发生什么呢？无论我们关注的是短期利益还是长期利益，都需要将树木修复好，留下一个复原力更强的森林来迎接动荡的未来。[40]

一旦真菌入侵，就不会“消失”。有时物种基因的多样性很高，因此，它们能抵御风暴——至少在一段时间内。但美洲栗不是。谁都不知道像白皮松这样的树能否再活一两百年，并且自发地恢复生机——或者，如果没有人为的干预，它们是否会走上美洲栗的老路。

对任何物种来讲（树木、野生动物、农作物），种群内的基因多样性都是最好的防御，而我们却人为地降低了物种的多样性：砍伐森林、栽培单一作物、开荒造田、加剧温室效应。

有些物种需要在我们的帮助下才能生存。有益基因能从一个物种转移到另一个物种，亲缘关系越近转移得越多。我们能编辑基因密码，隐藏（或表达）某些基因。随着未来的发展，灭绝的物种或种群将会越来越多，到那时社会得作出决定：要想拯救一棵树或一种主要作物，我们能付出多少？

第9章 | 监管

19 世纪早期到中期，一种由真菌引起的马铃薯疾病——致病疫霉横扫欧洲。只要患病，马铃薯就会在地里腐烂。一直到 1845 年，很多家庭和商业都依赖这种淀粉类主食，马铃薯歉收后，爱尔兰的克莱尔郡、凯里郡、梅奥郡和其他地区饿殍遍地。《伦敦新闻画报》（*Illustrated London News*）的艺术家詹姆斯·马奥尼（James Mahoney）见证了这场灾难。"这是人间炼狱"，他写道，"我看到垂死的人、生者和死者都横七竖八地躺在一起，身下就是冰冷的大地"。[1] 虽然造成这场悲剧的原因有很多，但马铃薯作为人们的主食和贸易的主体，其歉收是最主要的原因。这种植物的原产地不在欧洲和北美（这些地方也有枯萎病），而在南美洲。那么，它们是怎么出现在这里的呢？也许当征服者或商人随船回归故土时，马铃薯也随着他们漂洋过海来到了这里。几个世纪以来，种植者都按照自己的喜好来培育它们，一开始，它们长得又小又丑，后来在不断地培育下，它们终于长成了淀粉含量高的大马铃薯，这才是爱尔兰佃农想要的样子。同时，人们培育出了不受欢迎的性状和潜在的具有保护作用的性状。大家开始大面积地单一种植这些块状植物。枯萎病可能如同早期的马铃薯一样，随船穿越大西洋，从美洲来到欧洲。[2]

查尔斯·达尔文是英国博物学家，他的研究从根本上改变了我们对生物之间关系的理解，以及我们对自然选择和进化的理解，除此之外，他还认为地理障碍对生命和不同物种的出现有着重要的作用。[3]大部分生物的分散距离和活动范围是有限的，对于那些分散度高或迁移的物种来说，地理隔离会把它们分开。这有助于我们解释“生命的丰富多样”。[4]随着时间的推移，存在地理隔离的生物在环境的自然压力下发生进化，例如科隆群岛的雀类和达尔文研究的其他生物，它们在不同的岛屿上外形不同。这些关于进化和地理隔离的观点与疾病的爆发有关，无论是针对目前的真菌大流行还是未来的真菌大流行。动植物和微生物作为群落进化，这是对环境的适应，甚至是对环境的改变：树木能提供更多的树荫或庇护所，丰富的藻类、微生物或小型哺乳动物可以提供足够的食物来影响其他动物的数量。捕食者和猎物往往会在生死之间取得平衡，而双方的种群数量也会在兴盛与衰败间循环。如果猎物增加了，那么捕食者的数量也会增加，因为它们有充足的食物；一旦这些猎物减少，捕食者丧失了食物的来源，它们的数量也会减少。有时，病原体和它们的宿主也会出现类似的情况。当达尔文在伦敦布罗姆利的家中研究生物与周围环境间的关系时，欧洲正在承受不同地区的动植物和微生物混合在一起的后果，即动植物离开原来的环境，进入新环境。

当疫病在欧洲的马铃薯地里肆虐时，达尔文正好在自家地里种了马铃薯——他发现这些马铃薯已经腐烂了。[5]他从智利、厄瓜多尔和其他地方收集了野生的马铃薯样本，并把这些样本寄给了他的植物学家朋友，包括他的远房表哥，威廉·达尔文·福克斯（William Darwin Fox），这样他们就能栽培和研究马铃薯了。当整个欧洲的马铃薯都开始死亡时，科学家们想知道，为什么这场灾难发生得这么突然，这么普遍。达尔文还想知道，他从智利收集来的马铃薯是否具有更强的抗性。当时有些科学家认为，从马铃薯原生地收集来的野生马铃薯或马铃薯种子（相较于死于枯萎病的马铃薯）能帮欧洲马铃薯恢复健康。当疫病来袭时，福克斯正在种植智利马铃薯，但它们最后都死了。失败的福克斯写道："我认为这证明了种子源头——野生植物本身的重要性。"[6]虽然达尔文带回来的智利马铃薯死了，但人们发现，其他野生马铃薯具有抗枯萎病的能力。[7]

达尔文很快就把注意力转向了进化机制，其他人也开始研究传染病。虽然这些肉眼看不见的生命（真菌、细菌和其他微小的东西）可能引发灾难性的疾病，但这种观点尚未进入科学或医学的主流领域，直到几十年后，路易斯·巴斯德和保罗·科赫才改变了这一状况。人们认为，虽然一滴脓液（血液）或马铃薯的菌丝体中蠕动着数百万个微生物，但它们并不会引起疾病，它们只是机会主义者，以死者和垂死的人为食。因此，当疫病侵袭马铃薯时，没人质疑过腐烂的植物上可能覆盖着某种真菌——虽然它们显而易见。但科研人员的确讨论过，真菌是否能引发这样的大型灾难。迈尔斯·伯克利（Miles Berkeley）是达尔文的同事，他认为这种疫病是由致病疫霉引起的，是第一个为真菌发声的科学家。[8]虽然它们最初被归为真菌，现在却被归为水霉菌。与真菌相比，它们与植物的亲缘关系更近，但它们的外观和行为却和真菌一样，不仅能长出菌丝，还以孢子的形式繁殖。它们也是动植物中最早被确定为病原体的微生物之一。

马铃薯大饥荒是人为的物种汇聚产生的后果。我们是残酷的商人，无情的旅行者，在几千万年甚至更长的时间长河中，海洋、岛屿和山脉将这些物种隔开，现在却被我们人为地汇聚在一起。我们扰乱了世界的生物群，造成了毁灭性的影响。查尔斯·马拉特是一位昆虫学家，早在100多年前，他受聘于美国农业部时就知道，病虫害的全球传播会引发灾难，因此，他开始进行保护动植物的游说。从那时起，植物贸易在过去的半个世纪里迅速激增了5倍。[9]每年到达港口的植株（或用于繁殖的植株组织）超过10亿棵，其中很多都被装到船上，有些船至少有两个美式橄榄球场那么大，有些船装载了2万个集装箱。也许大家会问，我们的植物保护工作做得怎么样？是否能阻止下一次植物疾病的大流行？

***

梅根·龙伯格（Megan Romberg）在美国农业部的动植物卫生检验局工作，主要从事真菌鉴定工作，以截获入境口岸上携带了真菌的植物或植物材料。梅根·龙伯格的工作可以追溯到发现松疱锈菌病的真菌学家弗洛拉·帕特森，以及防止植物病虫害进入美国的查尔斯·马拉特。

龙伯格和约翰·麦克米（John McKemy）是两位美国真菌学家，龙伯格每天都会在显微镜前观察菌丝和孢子，探索着我们大多数人从未见过的世界。美国海关和边境保护局的专家为龙伯格提供了大部分样本，它们都来自口岸一线，包括检查时的切花、易腐果蔬以及植物上可供种植的部位（种子、球茎、块茎、插枝——任何能繁殖特定植物的器官）。海关在进入美国的各个港口上都分派了检查员，组建了植物检验站，它们分散在全国各地。目前这样的站点有17个，美国海关和边境保护局的人员在此处检查用于繁殖的植物。[10]栽培用植物是检查重点。由于人们很快会吃掉果蔬，或者将它们装进垃圾车，对于任何搭便车的病虫害而言，这都是死路一条，因此，大家也就不会特别关注果蔬。有些国家的植物可能受到更高的关注度。港口的工人也经过了培训，能找出已感染的植物。当某株植物疑似感染了真菌时，检查员就会将其放在“真菌识别区”。进口植物种类繁多，真菌的种类也很多，但全国鉴定真菌的地方只有20个。根据龙伯格的说法，每个地方的年检测量大约为1000个样本。相比之下，港口负责检验昆虫的地方至少有100个，龙伯格几乎每周都能见到一些之前从未见过的东西。

当龙伯格看到叶斑时，就会想象出叶片上覆盖着星形孢子、螺旋状孢子或是长着附属物的细长孢子的微景观。不同真菌的菌丝往往看起来很像，因此在鉴定的过程中，孢子发挥着很重要的作用。当鉴定真菌的地方遇到无法鉴定的真菌时，他们就会把样本寄给龙伯格或麦克米。前五年，他们在植物宿主上发现了1000多种不同的真菌群类。很多样本必须在一两天内进行处理和鉴定（植物和植物组织很容易腐烂，对进口商来讲，时间就是金钱），而且要想确切地鉴定出一个物种，就必须形成孢子——也就是说，必须产生子实体结构。有时，鉴定人员还必须在没有充分确认真菌种类的情况下作出判断。真菌寄生在哪种植物上，来自哪里，这些都是工作人员鉴定的依据。即使这样，感染疾病的植物仍能蒙混过关，当它在一两年或三年内发病时，一些农民才能在农田里发现，并把样本寄给龙伯格。

最近，玉蜀黍黑痣菌在玉米作物上造成的焦油斑点令人惊讶。2015 年，印第安纳州送来了一份样本，很快这种病就席卷了印第安纳州和伊利诺伊州，并感染了整个中西部的作物，造成了减产。感染后的叶片上散布着针尖大小、形状怪异的斑点，呈深棕色凸起状，每个斑点都是一个子实体，能释放出数千枚孢子。这种真菌曾进入过美国境内，人们发现它们后，携带真菌的进口产品就被转口或销毁了。这种真菌检出 4 年后，它们感染了近 300 个国家的玉米作物。据热图显示，这种真菌沿最初的发现地向外辐射。目前的植物检疫系统尚不完善，虽然处理了大量的样本，但检查小组每年仍能从美洲、亚洲、加勒比、欧洲和其他地方鉴定出数百种植物病原体，其中很多都是真菌。[11] 每种检测到的病原体都有可能造成一种新发的枯萎病、黑穗病或锈病，我们要赶在这些病原体破坏作物或摧毁森林之前遏制它们。

***

动物贸易领域却没有梅根·龙伯格这样的人，没有真菌学家，也没有任何从事疾病检测的人员。携带着新发病原体的热带鱼或树蛙能轻而易举地进入美国境内。2013 年，荷兰火蝾螈的数量开始锐减，科学家们发现，传染源是一种壶菌，这种真菌与“青蛙杀手”蛙壶菌的亲缘关系密切，20 世纪 90 年代初和 90 年代中期，蛙壶菌入侵了凯伦·利普斯的野外观测点。[12] 人们刚发现这种真菌时，它的毒性非常强，有些蝾螈的数量已经锐减到最初的4%左右。这种新疾病被称为蝾螈壶菌，它们和蛙壶菌一样，这种真菌对毫无防备的蝾螈种群来讲极为致命，千万年来，它们从未与这种真菌共处过。该消息震惊了全球的爬虫学家。但这次科学家们从以往的经验中得到了有利的信息，他们很快便将此次疫情与亚洲蝾螈贸易联系起来。人们一开始认为，这种真菌属于亚洲蝾螈的地方性疾病。几年前，当检查人员对进口到欧洲的亚洲蝾螈进行检测时，其结果呈阳性。[13]当人们对越南的野生种群进行检测时，也发现了这种真菌。[14]因此，这种疾病成为打破"病原体传播壁垒"的另一个案例。[15]这两种生物原本有着数百万年的地理隔离，而我们却人为地将它们再次放到了一起。

这种新疾病的入侵令人恐惧，对于在美国研究蝾螈的人来讲，这让人非常不安。在美国，阿巴拉契亚山脉是研究蝾螈生物多样性的热点区域。[16]美国的蝾螈物种占全球的25%，但我们每年仍会进口大约20万只人工饲养或野外捕获的蝾螈，很多都来自亚洲。[17]如果没有一线检查员或其他预防手段，蝾螈壶菌肯定会侵入。更糟糕的是，有些本地蝾螈已经感染了蛙弧菌。当生态学家凯伦亲眼看到青蛙大规模死亡时，这种现象在当时还是一个谜。但蝾螈壶菌不同，利普斯希望能在真菌到来之前保护蝾螈。

2005年，此时的人们已经清楚地知道，这场灾难的确是蛙弧菌造成的，那些拯救青蛙的组织选出了代表（包括利普斯在内），他们想要保护一切自己所能保护的物种。该组织发表了一份题为《两栖动物保护行动计划》的报告。他们认为，重点是研究、追踪和预测真菌的感染地，但这还不够，还要采取一些预防措施。他们写道："只记录两栖动物的减少和灭绝，不去应对这场全球危机，从道德上来讲这是不负责的。”[18]2009 年，利普斯开始在马里兰大学任教。她在这里研究了阿巴拉契亚山区的两栖动物，结果表明，林地蝾螈（woodland salamanders）感染蛙弧菌的概率很低。他们希望，也许蝾螈已经进化出了一些抵御蛙弧菌的机能。为了便于研究蝾螈，及时了解政策变化，利普斯搬到了马里兰州。

利普斯来到马里兰州后，很多当地组织都在关注青蛙数量锐减的问题。人们经常邀请她在会议上讲述她的工作内容，在这里，她遇到了彼得·詹金斯（Peter Jenkins），他是野生动物保护组织国际项目的负责人。[19] 此时的詹金斯刚刚写完一份有关动物贸易法律漏洞的报告，题为《破碎的屏障》。詹金斯的关注重点是物种入侵，例如狮子鱼、缅甸蟒和来自澳大利亚的绿树蛙。相对不受约束的动物贸易给环境带来了损害，詹金斯是一名环境法律师，他知道如何推动华盛顿特区制定政策，而利普斯手里又掌握着有关环境损害的一手资料。因此，他们组成了很好的团队。不久，两人将以查尔斯·马拉特的方式推进野生动物疾病的防控。他们和马拉特一样，经过多年的艰苦奋斗才取得了成功。

美国鱼类和野生动物管理局主要负责野生动物的进出口工作。随后，詹金斯、利普斯和其他人便一起向美国鱼类和野生动物管理局请愿，请求他们一起阻止蛙弧菌的传播。此时，一位关键人物提供了幕后援助：动物学家乔治·拉布（George Rabb），一位两栖动物专家。他在芝加哥的布鲁克菲尔德动物园里工作了近 40 年，先后担任过研究员、教育主任及园长。他通过自己的努力，转变了动物园的性质，将以公众观赏为主的动物园转变成以保护和教育为主旨的动物园。20 世纪 80 年代末，当两栖动物灭绝的消息首次传开时，拉布召集世界各地的科学家参与会议，并成立了一个特别工作组，主要调查两栖动物数量下降的原因。[20] 詹金斯和利普斯写道，美国鱼类和野生动物管理局要“根据国际推荐的资质标准，确保交易中的两栖动物没有携带蛙弧菌”。[21] 他们提到了蒙特维德的云雾森林、美国两栖动物的多样性、蛙弧菌如何成为杀手、美国进出口两栖动物的方式，其实，他们是在要求美国鱼类和野生动物管理局宣布，所有的两栖动物都存在一定的危害，除非能证明它们是健康的。在此之前曾有过先例。几十年来，该机构已将类似的指导方针应用在鱼类的管理上。美国鱼类和野生动物管理局主要负责保护野生动物，而美国农业部的动植物卫生检验局则主要负责牲畜和家禽这样的食用动物。

不过，尽管很少有法律明确规定进口野生动物的疾病，但有很多法律确保着食用动物的健康。这点我们可以从英国埃塞克斯爆发的疫情中看出端倪。2001 年 2 月，当检察人员对屠宰场的猪进行例行兽医检查时，有 27 头猪疑似感染了口蹄疫，这是一种臭名昭著的疾病，会在有蹄类动物间传播。控制这种疫情的唯一方式就是将被感染的牲畜屠杀殆尽。到了 3 月，口蹄疫（动物的口腔和蹄部会长出水疱，很疼）已经感染了大量的牛、羊，给整个欧洲的牲畜和动物产业（如乳制品和肉业）带来了巨大的经济灾难。成千上万头牛羊被焚烧。4 月，英国农业部部长在接受电视采访时说，口蹄疫“完全得到了控制”，不过英国的首席兽医认为，疫情正处在“重大爆发”中。随着该病毒在法国、阿根廷和沙特阿拉伯出现，病例数逐渐增多，商店里的肉也渐渐售罄。

当政府取消（或禁止）狗展、赛马、国家橄榄球比赛、狩猎活动和大型集会时，大家通常会对其进行指责，并提出阴谋论。[22]爱尔兰共和国在英国或北爱尔兰地区的边境入境点上设立了军事检查站，并警告游客尽量不要到英国农村散步。那一年，科茨沃尔德、康沃尔以及剑桥康河河畔上再未出现过田园漫步者。凡是有牲畜出没的地方，游客都尽量回避。因为疫情，政府推迟了英国大选。英国和荷兰还爆发了反对屠宰疑似健康动物的活动。[23]据估算，此次疫情给英国造成了 80 亿英镑的损失。[24]美国的牧场主们担心，政府迟早会扑杀、焚烧他们的有蹄类动物。

美国上次爆发大规模的口蹄疫是在 1914 年，全国上下有 3500 头牲畜感染了该病毒，给牧场主造成了数万美元的损失，而美国根除这种疾病的花费高达 450 万美元（折合现在的 1 亿美元）。1929 年，这种病毒再次来袭。有一艘载满游客的观光船从阿根廷出发，游船上有猪，它们吃了肉屑，感染了口蹄疫，政府因此屠杀了 3600 头动物。[25]2001 年，当英国出现爆发口蹄疫的新闻时，有位惊慌失措的加州奶农说："我们离一场全国性的灾难就差一头牛了。"[26]布什总统颁布了禁令，禁止人们从欧盟进口肉类及肉制品；美国农业部的动植物卫生检验局要求数百名动物疾病专家随时待命。[27]虽然这种疾病并没有在英国死灰复燃，但让英国民众饱受煎熬。因此，相关机构在 2018 年开展了针对口蹄疫的"应急演练"，这是一种与疾病相关的"军事演习"。[28]2020 年，美国农业部发布了一份长达 64 页的草案，外加 100 多页的附录，专门应对口蹄疫问题。[29]还有针对猪瘟、禽流感和其他牲畜疾病的应对策略或"红皮书"，这些都属于传播快、破坏性大的疾病。

当疫情爆发时，红皮书便是首选指南，里面提供了详尽的应对、控制和根除策略，以防止食品行业发生爆发性疾病。

美国农业部在监测和控制诸如口蹄疫、禽流感之类的动物疾病时，有一套合乎情理的逻辑。我们的目标是确保大家的安全和健康，避免食品供应链的中断及牲畜和家禽行业出现大型灾难。但美国农业部的动植物卫生检验局却没有对蛙弧菌或蝾螈壶菌的易感对象（青蛙和蝾螈）进行监管，这表明，一旦这些患病的动物抵达港口，就能自由入境，而美国鱼类和野生动物管理局也无权对这些两栖动物进行上述病原体的检测。这是美国在野生动物疾病管理方面的一个漏洞。我们不仅在政策上缺乏对野生动物疾病的监管，实际工作中也没有任何协调监测机制或应急预案，因此，一旦出现新发野生动物疾病，像詹金斯和利普斯这样致力于保护野生动物的科研人员就会陷入困境。历史上曾经有过这样的先例：鱼。

***

19世纪末，鸟类已经成为一个问题，尤其是欧洲椋鸟和英格兰麻雀。以前，人们将这些鸟引入原本不属于它们的地方，比如美国的公园和城市。人们最先引进的是英格兰麻雀。尤金·席费林（Eugene Schieffelin）是业余的鸟类学家和社会人士，他家在纽约，庭院周围的树上有很多蛾子幼虫，为了控制这些肆虐的幼虫，他引进了英格兰麻雀。其他物种随后也进驻到了这里，其中大部分都是由美国驯化协会（American Acclimatization

Society）赞助引进的，席费林正是该协会的重要成员。伊西多尔·杰弗里·圣伊莱尔（Isidore Geoffrey Saint-Hilaire）是一位法国博物学家，他于1854年创立了驯化协会（Société Zoologique d'Acclimatation），美国驯化协会正是以此为模板。圣伊莱尔认为，动物具有可塑性，能够适应新环境，而协会的成立则为这种适应性测试提供了机会。人们先将牦牛、美洲驼和鸵鸟放入笼子里圈养起来，再通过快船和纵帆船将它们运送到大洋彼岸，最后将幸存下来的动物引入法国或其在阿尔及利亚的殖民地。在法国，有些动物会在该协会位于巴黎的动物园安家，有些动物则被驯化。可悲的是，这些外来动物的可塑性并没有那么强，很多都死了。这表明，圣伊莱尔的实验失败了。他于1861年逝世，此时协会才成立不久。尽管如此，他所创立的驯化协会还是给其他驯化协会带来了启发，欧洲、美洲、大洋洲和其他地方的协会都有各自的任务。[30]

英国驯化协会的一位创始人突发奇想："在辽阔的乡村，成群的大羚羊和捻角羚优雅地奔跑在草地上……"[31]他认为这些外来的非洲动物将会为"不列颠群岛和其他地方的美食"锦上添花。1860年，不列颠群岛的驯化协会将天鹅、椋鸟和其他鸟类从欧洲引入遥远的殖民地。很多协会认为，他们做得很好，填补了自然界的空白。有个澳大利亚协会进口了加利福尼亚州的鹌鹑、画眉、野兔和家兔，新西兰引进了澳大利亚的喜鹊和负鼠，加尔各答引进了黑天鹅。[32]鱼类也被人们从这条河移到了那条河，并且跨越了海洋。当人们把英国的褐鳟鱼引进美国的溪流后，它们占据了本土鲑鱼的生存空间。虹鳟鱼原产于美国西部，人们将它们引入欧洲、澳大利亚和美国东部的水域里。世界自然保护联盟入侵物种专家组将这两种鳟鱼纳入了全球入侵物种的前100名。[33]

几十年来，通过非本土动物的引进可以看出，这种修补大自然的方式存在问题，在某些情况下，甚至会给我们带来毁灭性的灾难。椋鸟会吃掉美国农场里新播种的作物种子，拔掉幼苗。它们啄食着成熟的浆果、桃子和其他水果，而麻雀比本地鸟的危害性更大。这点引起了自然资源保护主义者兼艾奥瓦州众议员约翰·雷斯（John Lacey）的注意。为了保护野生鸟类、猎禽以及具有重要农业价值的鸟类，防止外来飞禽和走兽的进一步引进，1900年4月30日，雷斯向国会提出了立法提案。[34]

雷斯在提案的介绍中提到，“自然之神对植物、鸟类和其他动物的分布自有安排”，并补充道，我们应当注意这种灾难性的引进，“明智地保护大自然的馈赠”。[35]

一个月后，《雷斯法案》（*Lacey Act*）成为法律。这是美国最古老的野生动物保护法。《雷斯法案》的最初版本有两个目的：防止外来物种损害农业利益；通过控制跨州野生动物的贸易和贩运来保护本地物种。基于前一个目的，该法案只禁止人们进口野生鸟类和哺乳动物，而鱼类和其他脊椎动物的进口则不受管制。新法案则将猫鼬、果蝠、欧洲椋鸟和英格兰麻雀划为了“有害野生动物”，禁止进口。根据需求，其他物种也能被划为有害物种。如果没有特殊许可，该法案还禁止人们进口大多数的野生鸟类和动物。《雷斯法案》生效后不久，相关人员就对其就进行了修改，人们在没有许可的前提下，也能进口那些已知的无害动物。美国农业部下的生物调查部是当时的主管机构，申请的许可证数量实在是太多了，已经让其不堪重负。[36]

1948 年，相关人员对立法进行了更深入的修订。他们删除了“任何人不得向美国进口任何外来野生动物或鸟类”这句话，这表明，除了明令禁止的物种，美国能进口大部分野生鸟类和哺乳动物。[37] 苏珊·朱厄尔（Susan Jewell）是美国鱼类和野生动物管理局的有害物种协调员，她写道，现在该由监管机构出面了（这部分工作已经从农业部移交到了鱼类和野生动物管理局，该机构在 20 世纪 50 年代才冠上“美国”二字），证明什么属于有害物种。他们在不久后发表了公开声明，高产的欧洲家兔和野兔也属于有害物种，但他们重点关注的仍然是鸟类和哺乳动物。1960 年，国会扩大了该法案的权限，不再局限于野生鸟类和野生哺乳动物，现在，所有的脊椎动物，从鱼类到两栖动物再到爬行动物，以及无脊椎动物，甲壳类和软体动物，都要遵循该法案。“有害”（injurious）一词主要指该物种具有入侵的可能性，但也包含其他方面的危害。例如，该法案禁止人们进口所有鲑鱼科物种（包括鳟鱼和鲑鱼，无论死活），以及它们的卵（无论是否受精），除非证明它们并没有携带某些鲑鱼病毒。[38] 这样做的目的并不是阻止鱼类的传播，而是为了防止它们身上的疾病扩散到美国。因此，詹金斯认为，这套检疫鱼类是否携带病毒的方法也适用于对青蛙的监管。如果进口鱼类都能获得认证，那为什么两栖动物不能？

2009 年 9 月，野生动物保护者提交了一份请愿书，要求美国鱼类和野生动物管理局仿照鲑鱼的管理措施，对两栖动物采取相应的措施：将所有的两栖动物列为潜在的有害野生动物，只有证明它们没有携带蛙壶菌，才能予以引进。他们在请愿书中写道，根据《雷斯法案》，该机构所规定的所有两栖动物“都能进口、运输和圈养”，这暗含着鼓励进口和贸易的意思。“人们经常会进口几种已知的携带蛙壶菌的物种，除此之外，基本上所有的两栖动物都有可能是蛙壶菌的载体或宿主。”他们不仅要求删除鼓励贸易的条款，还要在该法案的实施条例中加上一条新的修正案，以确保进出美国的任何一种动物都没有疾病。“人们在进口或跨洲运输感染蛙壶菌的两栖动物时，并不承担法律后果。美国内政部可以阻止这一切。”他们写道，在《雷斯法案》中，鲑鱼认证是一种相对有效的方法。[39] 但是，管理 200 多种鲑鱼远比管理几千种两栖动物简单。鱼类和野生动物管理局认识到了情况的严重性，开始寻找控制蛙壶菌的方案。但是，这种病原菌已经在美国大面积扩散开来，此时他们又开始质疑这种认证手段的有效性，最后也就不了了之。随后便是蝾螈壶菌的到来。

虽然我们在保护青蛙方面没有取得成功，但利普斯和詹金斯并没有放弃，他们一直想通过新立法或改进监管措施来预防疾病。后来蝾螈壶菌出现了，但它们和蛙壶菌存在一个主要的区别：这种真菌还没有进入美国。这次，他们没有把监管目标放在整个两栖动物的贸易上，而是放在了蝾螈的进口上，相比之下，这个方案的可行性更高。

蝾螈的研究始于利普斯。她的一篇论文研究结果表明，蝾螈壶菌还没有进入美国。[40] 在该论文发表的前一天，利普斯为了向大家展示自己的发现，还与朱厄尔一起和管理局的相关人员进行了会面。因此，阻止蝾螈壶菌感染美国蝾螈成了鱼类和野生动物管理局的首要任务，他们立即开始制定保护蝾螈的策略，朱厄尔负责协调。利普斯还给詹金斯打了电话。詹金斯则动员了包括保护动物协会（Humane society）、野生生物保卫者（Defenders of wildlife）、国际动物福利基金会（The international Fund for Animal Welfare）及其他两栖动物利益团体。拉布也参与了这个项目。他们一起找到了鱼类和野生动物管理局，建议他们做出改变，而不是像之前一样提交请愿书。管理局鼓励利普斯和她的同事们将动物园和水族馆协会纳入进来（或者至少请他们不要提出反对意见），如果可能的话，将宠物行业也纳入进来——将所有的利益相关者都纳入进来，这样就更合规了。

他们和一个世纪前的查尔斯·马拉特一样，号召了大批的民众。2014 年，利普斯和同事约瑟夫·门德尔松三世（Joseph Mendelson Ⅲ）在《纽约时报》的评论专栏上发表了一篇文章，题为《阻止两栖动物的下一个末日》。文章中写道，在过去的 25 年里，他们眼睁睁地看着青蛙死于蛙壶菌，看着蝾螈壶菌在动物贸易中蔓延。该社论发表 1 年后，有项研究估算，在 5 年的时间里，美国大约进口了 80 万只蝾螈，其中大部分都是携带蝾螈壶菌的物种。[41] 他们说道：“我们知道自己所面对的是一个什么样的杀手。全球生物学家已经形成了一个网络，他们正在研究它的动向。政府机构也处于警戒状态。希望我们这次能成功。”[42]

美国的鱼类和野生动物管理局一直在努力地解决蝾螈壶菌问题，但他们与美国农业部的动植物卫生检验局不同，面对从港口输入的动物，该机构缺少能够对其进行检测认证的专家队伍。除此之外，还有其他的政治障碍，其中之一便是宠物交易。宠物行业并不希望政府将所有的蝾螈都列为有害动物，因此，该机构并没有要求进口的动物达到清洁级。而在 2016 年，依据《雷斯法案》，201 种最有可能携带蝾螈壶菌的蝾螈被列为潜在的有害野生动物，禁止入境。20 多年来，人类一直想控制两栖动物疾病，这让我们向前迈出了一步。在所列出的 201 种蝾螈中，许多物种的原产地都在美国，虽然有些蝾螈携带了疾病，参与了交易，但它们并不是动物贸易的重要组成部分。不过，如果我们完全依赖物种列表，也会存在问题。无论你怎么找，总会有你无法发现却能引起疾病的蝾螈物种。在这种情况下，人们尚未明确这种携带疾病的蝾螈或其他两栖动物宿主。

2018 年，一队国际科学家调查了东亚地区的蝾螈及其相关物种。他们的研究结果显示，从本质上讲，该地区的蝾螈和相关两栖动物属于疾病的储存库，如果再不实行贸易限制，“几乎可以肯定，进口国将引入蝾螈壶菌”。[43]2016 年，在这些蝾螈中，至少有一种蝾螈没有被列入该名单（宠物行业已自愿停止进口）。而且，在前几年的报道中，美国进口了 80 万只蝾螈，其中有 98% 都来自亚洲。[44]

利普斯和同事们想对所有的进口两栖动物进行疾病检测。不过，目前的政策比之前什么都没有好多了。“早在蝾螈法规出台之前，美国每年进口的两栖动物约有 400 万只，其中没有一只接受过疾病的检测、隔离或治疗——也就是说，我国有 400 万次引进致命病原体的机会。”[45] 到目前为止，该禁令在很大程度上降低了蝾螈壶菌输入的风险。2020 年，以美国地质调查局的科学家为主的科研团体发起了一个大项目，要对本地蝾螈进行取样和疾病检测。2014—2017年，他们采集并检测了上万只动物，未发现一个阳性。虽然检测禁令的有效性并不是这项研究的目的，但发起人认为，这种大规模的检测至少能将入侵扼杀在萌芽状态。[46]

***

2018年，这时距欧洲发现蝾螈壶菌已经过去了5年，距鱼类和野生动物管理局将一些蝾螈列为有害物种已经过去了2年，欧盟委员会颁布了临时立法（在之后将成为永久立法），[47]但凡在欧盟成员国之间进行交易或进口到欧盟的蝾螈都要进行检测，确保这些蝾螈不携带蝾螈壶菌。但宠物饲养者却不用履行这一义务，除非他们从事贸易，即便是只与另一名宠物饲养者交易，也要进行检测。一旦检测出阳性，动物必须进行治疗。弗兰克·帕斯曼（Frank Pasmans）是根特大学的真菌学和两栖动物兽医学家，他说这种病治疗起来并不麻烦，将蝾螈放在25℃的环境中至少待10天即可，不过“交易员是否真的会这么做就不知道了”。[48]

荷兰的帕斯曼实验室是首个确定蝾螈壶菌能杀死蝾螈的实验室。这种病的致死率很高，因此，饲养和繁殖两栖动物的人会治疗它们——没人想让自己背上饲养患病动物的名声。但凡事总有例外，例如美国或亚洲的非法进口商。还有一些漏洞，真菌可能会通过这些漏洞传播。例如，在大批量的转运动物中，只有一部分接受检测，而且目前还没有明文规定，要求宠物主人在交易自己的动物时必须对它们进行检测。但我们所做的每一点努力都有意义。自欧盟立法以来，商业贸易中的动物数量已呈下降趋势。帕斯曼猜测，从经济角度来看，这个过程太烦琐了，不值得耗时耗力。[49] 在我们的观念里，进行交易的动物应该没有疾病，但这仍是一个梦想。

***

在植物进口方面，费斯·坎贝尔（Faith Campbell）和那些想保护野生动物的人持有相似的观点。坎贝尔有着数十年的环境政策倡导经验，是一名训练有素的政治家，同时她也是彼得·詹金斯的同事。詹金斯、利普斯和其他人在努力保护两栖动物，她则从事着本土植物的保护工作，使其免受疾病的感染，因为目前的检疫会漏检一些项目。最近她退休了，离开了大自然保护协会（The Nature Conservancy），以前她曾是这里的高级政策代表（Senior Policy Representative），现在，她和詹金斯一起在一个小型非营利组织工作，即入侵物种预防中心（Center for Invasive Species Prevention）。只要有时间，坎贝尔仍会和那些能推动政策发展的人会面，包括美国农业部动植物卫生检验局的官员、林务局的科学家和国会议员。但她说道："想要找盟友，真是越来越难了。"[50] 正如坎贝尔解释的那样，一般来说，很多进入美国的疾病都是通过活体植物扩散的。目前检查员的工作量很大，几乎难以完成。我们进口了大量的植物，但动植物卫生检验局只检查其中的一小部分，而且是有针对性的检查（即依据货物的大小、植物的数量和种类，选取最有可能存在风险的货物）。[51] 坎贝尔并不主张扩大检查范围，相反，她更支持类似鲑鱼进口时所需提供的认证，国外的供应商应当确保进口植物“像科学家预想的那样干净”，这样至少能将部分负担转移到美国之外的国家。当植物从商店进入庭院或田地时，应该尽量不携带任何疾病。

之前也有一些先例，美国农业部的动植物卫生检验局已经要求人们对进口的天竺葵进行认证。[52] 有一种细菌在感染了土豆、西红柿和茄子后会导致它们枯萎并腐烂，同样，这种细菌也会感染天竺葵。这些植物被运往美国后，必须有证据表明它们已经通过了检测，没有疾病。“人们在南美洲种植了很多天竺葵”，坎贝尔说道，虽然偶有失误，但这个方法在大多数情况下都是有效的。[53]2020 年春天，人们首次在植物上发现这种细菌，幸亏发现得及时，这才阻止了它们的传播。

缺乏主动监管是动植物进口所面临的大问题。港口的植物检查员几乎无法完成目前的工作，如果有一个针对进口商的认证计划，那么这种情况就会发生改变。坎贝尔说，认证计划能够赋予进口商和供应商义务，从而使其遵守规定。“另一个选择就是禁止一些植物的进口——只要禁止就行。”[54] 不止进口植物会产生疾病扩散的问题，国内的植物贸易带来的问题比前者更大。就过去和现在来讲，州际贸易一直是重大疾病爆发的原因，例如 2019 年爆发的橡树大规模猝死。

20 世纪 90 年代中期，加州的橡树和栎树开始死于真菌引起的栎树猝死病。这种病原体和引起马铃薯枯萎病的致病疫霉一样，是一种水霉菌。[55] 这种卵菌至少感染了 37 个科的 100 多种植物，其中很多都是病原菌的携带者，从而造成了疾病的传播。直到2019年，当人们发现疫情时，已经有1600株潜在的感染植物被运往十几个州。在俄亥俄州，当紫丁香和杜鹃花被运往沃尔玛和Rural King商店时，人们才发现它们身上携带着病原体。政府要求购买这些植物的房主将它们连根拔起并烧掉，还要对使用过的园艺工具进行消毒。[56]

苗圃认证系统方法（Systems Approach to Nursery Certification，SANC）为植物带来了一线希望。植物苗圃必须与国家机构合作，才能将苗圃中的植物移进或移出。苗圃认证系统方法是一个认证程序，能确保他们的植物没有携带病原菌。该项目向种植者提供了一种与州植物检疫机构合作的新方式，从而增加了需求和监管。最终，这成为一种营销策略：苗圃选择加强审查和监管，他们能向买家展示自己做得很棒，确保售出的植物处于低风险状态。该计划大约在10年前开始试点，仅限于十几个苗圃，现在则由国家植物委员会（National Plant Board）支持，这是一个由州植物害虫管理机构组成的非营利组织。当试点项目结束时，有14个苗圃获得了苗圃认证系统方法的认证。2021年1月，该项目向苗圃行业开放。这就是坎贝尔想在植物进口上看到的项目。政府、大小型企业和学校曾对旅行者、员工和学生进行过COVID-19检测，从理论上来讲，这种要求新引进植物没有传染性疾病的认证与它们在本质上没有太大的区别。无传染性疾病认证的关键在于快速诊断，现实中的确存在植物病虫害的高灵敏快速检测，但考虑到成本，这种方法尚未得到推广。[57]经历了新型冠状病毒疫情后，我们终于知道疾病在恋人、邻居、购物者、旅客之间的传播速度会有多快。我们更能意识到，疾病能从一个物种传播到另一个物种。保护科学家们希望，这种势头能有利于推动野生动物的保护政策，既为我们自己的健康考虑，也为大自然考虑。但如果我们想要追踪任何一种动物性疾病，那我们得先追踪好人类的疾病。

***

我们经历了全球大流行，也经历了国家在疾病预防和监测方面的失败，这将对我们未来几年的生活产生影响。当新型冠状病毒侵占医院和养老院时，其他疾病也在行动。有些被监管的疾病开始蠢蠢欲动，它们利用了机体免疫系统的漏洞；耐药细菌和真菌也悄悄地潜入人体，其中之一便是耳道假丝酵母菌。早在病毒出现之前，疾病预防控制中心就一直追踪着这种酵母菌。

为了应对抗生素耐药菌的增加，2016 年，美国疾病预防控制中心建立了抗生素耐药性网络实验室。[58] 通过该网络实验室，各州能将检测到的抗生素耐药致病菌（主要是细菌）联网后上报至国家，反过来这也有助于阻止耐药菌的蔓延。鉴于人们对白假丝酵母菌和其他假丝酵母菌的关注，假丝酵母菌也被纳入其中。该平台目前正在扩大，曲霉属也进入了监管范围，因为该属的有些菌株具有唑类药物抗性。该网络平台便于疾病预防控制中心迅速地为养老院、长期护理机构和其他可能出现耳道假丝酵母菌的地方提供帮助，有效地控制并遏制这种新型疾病。[59] 相应机构会将样本送至网络实验室，实验室用聚合酶链反应的方法进行检测，以达到快速识别或确诊的目的，然后在实验室对真菌进行培养，确定其耐药种类。由于某些真菌在实验室中生长得较为缓慢，因此，整个过程可能需要几天或几周的时间，但就目前来讲，这是鉴定耐药真菌的唯一方法。

一旦发现这些机构中存在耳道假丝酵母菌的定植或感染，人们就会加强机构卫生，以防止其进一步传播。由于酵母菌能定植在医院的房间和设备上，并通过实验服的袖子在患者间传播，因此，工作人员会在探望完病患后，小心谨慎地对自身和房间进行消毒。接下来就轮到新型冠状病毒登场了，有些医护人员面临个人防护装备短缺的窘境，于是他们开始重复利用自己的装备。为了杀灭病毒，人们会对房间进行消杀，但这种消杀却不一定适用于真菌，因为真菌比病毒更难杀灭。在这场对抗新型冠状病毒的战场上，人们忽略了对某些感染性疾病的筛查，包括耳道假丝酵母菌。而且，老人和免疫功能低下的人群是感染耳道假丝酵母菌的高发人群。同时，新型冠状病毒也偏爱这些人群，因此，这种真菌开始大量繁殖。[60]它们之前出现在长期护理机构中，而现在却出现在了医院的急症室里，使那些没有接触史的患者感染耳道假丝酵母菌。[61]在新型冠状病毒出现前，美国感染耳道假丝酵母菌的总病例数只有3105例。仅2020年一年，病例总数便达到2066例；2021年，病例数达到了5512例，几乎是新冠疫情前病例总数的2倍。已有数千名病人被感染，如果有什么教训的话，那就是检测和监测工作做得还不够，需要加强。[62]

汤姆·奇勒是疾病预防控制中心真菌疾病科的负责人，他知道，我们面临的最大的挑战之一便是在全国范围内追踪疾病。

“我大半生都在研究真菌，只有一种真菌受到了监测，那就是球孢子菌（可以引发溪谷热）。”[63] 当健康人群吸入这种真菌后就会生病，这很独特。约有24个州将这种真菌归为“上报”类别（每个州自行决定必须上报给公共卫生部门的疾病种类）。溪谷热属于西南部沙漠地区的地方病，还在向南扩散，但近年来，它们的蔓延区域在不断地扩大。有些科学家认为，这是由气候变化造成的。[64] 通过国家疾病监测信息系统（National Notifiable Diseases Surveillance System），疾病预防控制中心正在全力追踪疾病：美国大约有120种必须上报的疾病，这些疾病包括传染病、潜在的生物恐怖主义制剂和性传播疾病。当患者被确诊为其中的某种疾病时，如果州政府选择通知疾病预防控制中心，中心就会收到一份报告，但奇勒说，“我们无法要求州政府上报”。[65]

疾病预防控制中心正是通过这种监测系统，才在新冠大流行期间了解到了耳道假丝酵母菌病例数上升的情况。而奇勒则在担心其他未上报的病例，“现在每个州每天都有一些未上报的病例。我们真的无法染指，也没有什么好的解决方法”。显然，我们应该重新思考，该如何预防并应对人类、植物和野生动物中的流行病。

2020年1月，美国的政策制定者和科技团体组成了一个联盟，发起了所谓的“Day One Project”。为了“改善全民生活”，该联盟让那些来自科学和技术领域的人提交一些可行的想法。[66] 这基本上是一个“呼吁活动”，以当下能对我们最紧迫的问题提出好的想法的人为目标，而华盛顿最有经验的政策制定者将负责整理并落实这些想法。

2020 年 10 月，凯伦·利普斯提交了一份“改善联邦对野生动物和新发传染病管理”的提案。她在提案中写道，新型冠状病毒大流行期间，野生动物和新发传染病管理方面的薄弱点充分暴露，本届政府有望通过设立“控制新发传染病特别工作组”来解决这一问题，从而采取行动，更好地保护美国公民和野生动物免受动物传染病的感染。利普斯建议，凡涉及动物进口和贸易的美国机构应相互协作，并与国际组织协调，从而解决动物传染病的全球扩散问题。[67] 相关机构可以对《雷斯法案》进行修订，从而赋予美国鱼类和野生动物管理局更多的权力，达到识别并控制野生动物疾病的目的。考虑到疾病的风险，人们还能对《濒危野生动植物种国际贸易公约》加以修订。利普斯写道，世界动物卫生组织能将疾病的宿主拓展到牲畜以外，开发“一个可公开获取、集中管理的系统，从而监测野生动物病原体的全球发病率和传播，便于及时发现疾病，记录疾病的传播路径”。

简而言之，政策决定者应重视疾病及其传播与人类、动物和环境卫生之间的关系。当我们否定它们的地理起源，让病原体和新宿主之间相互接触时，就相当于把自己置于危险中。无论我们做什么，都要采取更加谨慎的态度。我们每个人都有可能成为外来病原体的潜在宿主。

既然我们知道了这一点，也知道了忽视它们所带来的后果，那么无论个人还是社会，都应该对地球上及地球外的运转规律负责。这可能意味着我们要终止野生动物贸易，或者动物爱好者（消费者）只买圈养的动物。我们可以决定遵守并同意监测协议——尤其是当它们越来越普遍、涵盖的疾病范围越来越广、费用也越来越低廉的时候。当我们旅行时，要仔细考虑自己去过的地方和即将前往的地方，想一想那些粘在鞋子上的泥土或塞进背包里的植物是否会引发下一场大流行。当我们心中有意愿、手中有资源时，就能阻止下一次的真菌大流行。

第10章 | 责任

1998年，俄罗斯和平号空间站出现了霉菌。这种真菌做了真菌能做的事（物质降解），它们生长在窗户的密封条、控制面板和电线周围。因此，空间站上的关键系统存在产生故障的风险。由于这种真菌可能已经在空间站上生活了十多年（自打这里有人居住开始），因此可以推断，这是一株突变株。英国广播公司在报道“来自太空的突变真菌”时，引用了一位记者的警告：“的确存在突变真菌，将来，它们有可能造成严重的损失。”[1]2001年，这个国际空间站结束了它的飞行生涯，在重返地球大气层时，大部分零件都被烧毁了，只有少部分散落在南太平洋。当时，它是有史以来返回地球的最大航天器。几年后，科研人员公布了国际空间站的照片：有面墙上黏着3个毛巾挂钩，墙壁上则布满了深色的霉菌。为了防止和平号的情形再次上演，科研人员在飞船上安装了空气过滤器，并不间断地进行清洁，但这面墙上的霉菌看起来和浴室门背面的霉菌没什么区别。空间站的平均温度在21℃到23℃之间，再加上里面的湿度，这为真菌营造了一个“避风港”。2006年的一份空间站微生物调查报告显示，空间站里有几十种细菌和真菌。[2]最近，科学家们认为，霉菌有可能在宇宙飞船的外部生存。[3]

《花生漫画》（*Peanuts*）中的“乒乓”（Pigpen）这个角色始终生活在一团尘雾里，而我们和他一样，无论走到哪儿，都生活在一团微生物中。我们与携带真菌和其他微生物的动植物没什么区别，在我们的帮助下，它们能移动很远的距离。现在，我们已经把地球上的微生物带到了太阳系外。

早在半个世纪前，诺贝尔奖得主、微生物遗传学家乔舒亚·莱德伯格（Joshua Lederberg）就曾担忧过微生物迁移引发的后果。1957 年 10 月，住在澳大利亚的莱德伯格目睹了人造卫星进入太空的场景。[4] 虽然那时的科学证据无法证明太阳系存在地外生命，但莱德伯格却相信地外生命的存在，并担心我们的首次接触会把事情搞砸。更严重的是，我们的探索也许会造成生命的灭绝。他有充分的理由担心。美洲栗在他活着的时候已经功能性灭绝，榆树正在灭绝，人类历经了很多输入性疾病。人造卫星发射后没几年，莱德伯格在法国尼斯举行的首届国际空间科学研讨会（International Space Science Symposium）上发表了一篇文章。他警告道："历史向我们展示了人类在开发新资源时所带来的生活质量的提高，同样，我们也常看到这个过程中发生的疾病传播，它给人类带来了浪费和痛苦。"[5] 莱德伯格想，如果某些微生物从地球到达月球、火星或更远的地方，并且碰巧找到了没有天敌或环境限制的有利条件，那么，谁能阻止它们数量的激增呢？[6]

他认为，或许有一天，我们是否采取行动会反映国家的科学进步程度。如果我们在探索太空时留下了微生物，即地球的 DNA 痕迹，碰巧这里的生命也以 DNA 为基础，那我们还会发现其中的区别吗？我们的责任是什么？"难道我们不会谴责这种对其他生命系统的盲目入侵吗？"[7] 伯纳德·洛弗尔爵士（Sir Bernard Lovell）是曼彻斯特大学的射电天文学教授，与莱德伯格属于同一时代，他也想知道我们对地外生命的责任。洛弗尔爵士写道，携带地球生物的火箭可能造成“一场道德灾难，因为人类想当然地把自己的污染物引入一个可能正在进行有机进化的地外环境中”。[8]其他科学家则有一些自私的想法：或许有一天，某些新的“本土生物”会给我们带来好处——也许是一种全新的抗生素呢？莱德伯格写道：“以一种将资源占为己用的狭隘方式来预测未受干扰的行星表面、其本土生物或分子资源，这是一种轻率鲁莽的行为。”[9]

20世纪60年代初，在各种担忧的推动下，美国国家科学院敦促国际科学联盟理事会（International Council of Scientific Unions）制定一套保护其他行星和太阳系天体的政策。该理事会是一个非政府组织，它意识到了科学协作和跨学科、跨国界合作的社会效益，尽管彼此之间存在着政治、社会和经济的差异（现在它是国际科学理事会的一部分）。安迪·斯普赖（Andy Spry）是搜寻地外文明研究所的科学家兼美国宇航局行星保护办公室的顾问，他说，在冷战时期，也就是60年代中期，“地球上的两个超级大国认识到，在我们了解行星科学之前，还是先别把它搞砸了”。[10]太空飞船在发射到月球或更远的地方之前，人类将竭尽全力地清除污染物。自那时起，“行星保护”成了国际太空探索的指导原则。20世纪70年代，早在美国宇航局发射海盗号火星探测器之前，科研人员就对其进行了微生物的清洗和擦拭工作，并在超过110℃的温度下对其进行了烘烤。

一开始，科研人员确保航天器得到净化的最佳技术就是擦拭、培养和菌落计数，如同1个世纪前路易斯·巴斯德所做的那样。枯草芽孢杆菌是一种相对无害的、能够形成孢子的细菌，因此，它们充当了行星保护工作的指示菌。逻辑是这样的：如果孢子不能存活，那么其他微生物也无法存活。微生物的培养可能需要几天的时间，但在这个快节奏的世界里，依赖 20 世纪的老方法是个很大的缺点。斯普赖说，虽然每个人都想更快得出结果，而且 DNA 检测技术也取得了长足的发展，但几乎没有替代品具有类似的敏感性和特异性。火星任务过去半个世纪后，2020 年 7 月人们将发射毅力号火星探测器及航天器，科研人员会在洁净室中组装零部件，将耐用零部件放在 150℃的高温下烘烤，敏感零部件则在较低温度下烘烤或使用过氧化氢蒸汽进行消毒，然后用拭子擦拭物体的全部表面，来检测微生物。[11]

飞船上总会残留一些孢子，清洁度也是针对特定的任务进行设定的。根据飞船在火星上的降落位置，科研人员会对清洁度进行调整。其中，生命探测任务和前往“特殊地区”任务（陆地生物可以繁殖的地方）的清洁度要求最高。[12] 当毅力号前往火星时，根据美国宇航局的政策要求，整个飞船允许携带 50 万个孢子，探测器能携带大约 4.1 万个孢子。[13]

微生物即使在消毒过程中幸存下来，也不一定会造成污染，除非它能在太空旅行中存活下来。地球轨道外几乎是一种绝对真空的环境，这里缺乏氧气和其他物质。真空环境下的气体会膨胀，液体则会迅速蒸发。还有宇宙和太阳辐射，超新星和其他事件会产生电离、紫外线和重离子残留物，这对太空旅行者和飞行器造成了持续辐射的风险。斯普瑞说道：“大部分生物都不喜欢这种环境。”[14] 如果说某一种真菌克服了重重困难，最终幸运地落到了火星上，那它将面临其他挑战。火星与地球不同，它缺乏大气层，太阳会射出 UVC、UVA 及 UVB，相较于高能的 UVC，我们可能更熟悉UVA和UVB，而地球上的大气层则能保护地表免受UVC的伤害。虽然我们仍能接触到UVA和UVB，但问题不大。假如一个没有任何保护的人暴露在火星表面，几秒内就会晒黑。因此，对所有已知的微生物来讲，直接暴露在火星表面会受到致命伤害，“即使是那些相对有紫外线抗性的微生物，比如黑霉，也很难应对”。这又是一个全新的领域。

德国航空航天中心位于德国科隆，玛尔塔·科尔特桑（Marta Cortesão）是这里的一名博士生。2020年，她和同事们发布了一些不同寻常的报告。[15]她和她的团队发现，当他们用高剂量的辐射照射霉菌孢子后，有些真菌孢子或许能忍受火星之旅。几年前，当出现空间站上真菌污染的新闻时，人们怀疑孢子是否能在太空存活。她说，太空旅行的头号限制条件便是辐射，“人类的健康、原料、通信——一切都受制于太空辐射”。[16]

黑曲霉生长在水果和蔬菜上（它们也可以感染肺部，虽然感染率低于常见的烟曲霉），大多数人会认为这是一种常见的黑霉。它们之所以呈现为黑色是因为其体内的黑色素，这种物质能保护我们的皮肤免受太阳紫外线的伤害。众所周知，深色霉菌具有抗辐射能力，但它们能在太空旅行中活下来吗？科尔特桑和同事们想对比一下黑曲霉的真菌孢子、细菌孢子（如枯草芽孢杆菌）以及耐辐射的极端微生物——耐辐射奇球菌的抗辐射能力。“我们把它们暴露在高剂量的辐射中，高达1000戈瑞（Gray）。”戈瑞代表单位质量的组织所吸收的辐射量。“这个剂量相当于在太空待了很多年”，她说。虽然人类能忍受5个戈瑞，但“也会被完全摧毁”。[17]除了辐射，任何搭便车的生物都要忍受太空中的真空环境和极端温度。然而，有些地球生物也能在如此恶劣的条件下存活下来。[18] 在科尔特桑的实验条件下，真菌孢子能耐受高剂量的电离辐射，并且比细菌孢子更耐受紫外线。[19] 如果曲霉孢子外包裹着一层层的细胞壁、其他细胞及物理保护，它们至少能在真实的太空辐射中存活几年之久。

她解释道："这一层层的保护就像机械屏蔽，如同宇航员的宇航服。孢子细胞壁周围的黑色素也能起到保护作用。目前的行星保护指南并没有包含真菌孢子，或许他们应该仔细考虑一下。"[20]

但是，斯普赖并不担心真菌搭便车，尽管他承认存在未知因素。他说道："当你问，一只蚂蚁能过河吗？答案是不能。但一群蚂蚁能过河吗？答案是当然。同样，一个裸露的真菌孢子能在太空中存活吗？可能不行。"[21] 他认同有些微生物个体在层层保护下能存活下来，但是，要让它们最终找到一处温度适宜、湿度适宜的环境，并在那里安家，这个可能性就太低了。旅行中的微生物还要考虑另一个因素：人类。从太空计划开始的那一刻起，人们就期望探索。人们也期望不会带去有害的污染物，但在人类的探索过程中，势必会出现污染物。飞船和探测器上的灭菌技术无法对人体进行消毒。因此，无论我们去哪里旅行，都会带着陆地的微生物群落，火星也不例外。

***

在人类进行太空探索的早期阶段，与现存的问题（人类污染新世界）相比，还有一个更危险的问题。登月后，人类的太空探索算是取得了空前的成就，与此同时，宇航员也承受着危及生命的风险，当全世界把注意力放在这二者身上时，人们对其他事情的担忧也浮出了水面。如果登月探险者在返回地球时带回了外星微生物呢？科幻小说中的这种桥段比比皆是，外星微生物污染了宇宙飞船或宇航员，给地球带来了灾难。"大部分科学家认为，月球上存在生命的概率很低。但是，如果月球上的有机体搭上了返地宇航员的便车，那么会对地球带来怎样的后果呢？科学家们对此的看法大相径庭。"1969年6月，《时代》杂志写道。[22]美国国家航空航天局在应对这种所谓的"返航污染"时有着周密的计划。该机构准备了隔离措施，并建造了一个专门用来收纳月球微生物的设施——月球物质回收实验室（Lunar Receiving Laboratory）。该项目的投资建设花费了数千万美元，运营成本也高达数千万美元。查尔斯·贝里（Charles Berry）是美国国家航空航天局的医生，负责阿波罗11号宇航员的飞行及返航。贝里回忆道："看看我们经历的事情……我们先让一名穿着生物隔离服的工作人员走到门口，然后我们打开门，扔3件生物隔离服进去，再让机组人员进去。但舱门是由他打开的，因此，当你开舱门时，就会有东西飞到空中，这点毫无疑问。如果存在月球传染病，我不知道会发生什么。虽然我不相信月球上会有传染病，但我们不能心存侥幸。我的意思是，为了防止这种情况发生，我们付出了很多努力。"[23]

半个世纪后，科学史专家达戈马尔·德格罗（Dagomar Degroot）在《万古杂志》（*Aeon*）上撰写了一篇文章。正如文中所写的那样，如果阿波罗11号将地外生命带回地球，尽管我们已经采取了预防措施，但鉴于阿波罗 11 号航天系统和操作的局限性，我们也无法控制它们。微生物或许已经感染了宇航员，或者已经从阿波罗 11 号的太空舱中出来，抑或已经泄露。[24] 但这并非美国国家航空航天局无能，而是这项任务根本无法完成。有一次，他们想将返航的太空舱连同宇航员彻底密封起来，但后来意识到，在某些情况下，这可能会造成宇航员的窒息。因此，该机构必须在返航宇航员的安全与控制水平之间取得平衡。在对阿波罗 11 号的系统进行了彻底的检查后，德格罗得出结论："从太空带回地球的危险病原体将会逃逸，这不过是个时间问题。" [25] 即便如此，地外微生物控制措施的失败也不一定会引发全球大瘟疫。正如安迪·斯普瑞所观察到的那样，"想要出现大流行，首先得发生感染。此外，一旦将它们放在可靠性较高的密闭环境中，我们就能对其进行灭菌，并确保永远不会发生'危险病原体泄露'的情况"。[26]

人们在半个世纪后认识到，月球上没有生命。不过太空探索仍在继续，虽然可能性很小，但正如我们所知的那样，这些天体上可能蕴含着生命。自月球探测开始，在随后的几十年里，科学技术的进步确保了行星保护计划的顺利开展。2021 年 9 月，美国国家航空航天局的毅力号火星探测车开始钻探火星岩石，并将钻探到的样品收集到钛管中加以密封。多年后，当这些样本返回地球时，它们将被放在一个专门用来保存火星样本的密闭容器中。在最终返回地球前，还将对其外部进行消毒，确保它们不会携带任何未知的危险回到地球。[27] 返航后，科学家们会假设这些样本上携带了能引起下一场大瘟疫的病原微生物（即使很可能没有），科研人员会将这些样本送到专门的隔离机构，这些机构具有最高等级的生物防护，相当于研究致命性最高的病原微生物的四级实验室。当然，来之不易的样本也将受到保护，避免受到来自地球的污染——尽管发生污染的可能性很低。地球上的下一场瘟疫目前还寄居在一只鸟的翅膀上、一只青蛙的背上、森林的边缘或田野里，与之相比，我们对它们的预防措施却很松散，这点令人吃惊。通过样本或返回的航天器将外星瘟疫带回地球是一个小概率事件，而我们正在为地球上的下一场瘟疫（由病毒、细菌或真菌引起）提供机会，这几乎是个肯定答案。

***

我们的某些行为，例如旅行、大规模地种植单一作物、买卖动植物，在这些过程中，我们并不是简单地打开了潘多拉的盒子，而是把它摇了一下，震出了里面的东西。我们知道，真菌不像病毒，一旦出现就不会消失。正如马修·费舍尔所说的那样，“微小而简单的病毒能像火一样燃烧”。但真菌作为一种真核生物，远比它们复杂得多。它们非常擅长规避风险、利用宿主及自我伪装，“真菌是一种非常复杂的智能生物”。[28] 它们会在有些物种中伺机而动，等着它们喜欢的宿主出现，或以孢子的形式在土壤中潜伏长达数月或数年的时间。白鼻综合征还在蝙蝠种群中扩散，耳道假丝酵母菌、曲霉菌和溪谷热的病例亦呈上升趋势，在可预见的未来，这些病例仍将与我们同在。对现在的美洲栗来讲，枯萎病所带来的威胁仍和百年前一样严重，荷兰榆树亦是如此。这在一定的程度上解释了为什么某些真菌能使一个物种灭绝。当人类在迁移动植物、砍伐森林、开荒垦田时，并没有想到要保护地球，但现在的我们清楚了。

真菌是一种有能力的怪兽，但在大部分情况下，这种能力是我们赋予的——新的食物来源，不断增长的免疫力低下的人群，气候变暖。这迫使它们进化或死亡。高致命性感染需要两个条件，真菌和它的宿主，比如被感染的树、蝙蝠或青蛙。如果青蛙或植物能与某种真菌一起进化，那么它所带来的影响更多是不便而非死亡。但当新的宿主群中引入一种潜在的病原体时，受害的往往是宿主。我们常常会忘记潘多拉的故事的另外一部分，当她打开魔盒放出灾难后，砰的一声，她又关上了盒子，留下了一个广为讨论的意象——希望。有些人认为，被囚禁的希望意味着人类只能无望地生活在这个充满疾病和邪恶的世界中，或者虚假的希望本身就是一种邪恶。有些人则认为，被囚禁的希望对人类有益，能让我们在这个充满邪恶的世界里存活下去。如果我们选择相信后者，那么我们仍然怀揣希望；[29] 如果我们选择朝着希望行动，那就有了纠正错误的动力。

预防是我们采取行动和阻止未来危险的最佳策略之一。本书中提到的很多科学家都参与了一项名为“同一健康”（One Health）的全球倡议。该倡议认识到，如果不考虑植物、动物和地球健康之间的相互联系及同一性，就无法保护人类、植物和动物免遭疾病的侵害。由于学术部门、分析技术、期刊、语言、资金等因素的分离，在过去的一个世纪里，学科划分变得越来越细，而该运动正在重新整合这些学科。起初，这项工作的重点在于关注人类医学、兽医学和人畜共患病（通过直接或间接接触，从动物传染到人）之间的关系，例如鼠疫、狂犬病、莱姆病，可能还有新型冠状病毒。2004年，野生动物保护协会（The Wildlife Conservation Society）组织了一次研讨会，会议邀请了世界各地的健康专家，讨论的内容也从人类健康问题转向了地球上所有生命的健康问题，结果之一便是呼吁新的前进之路：

> 没有一个国家可以单独扭转栖息地丧失和物种灭绝的局面，这种局面的确会损害人类和动物的健康。在我们应对人类、家畜和野生动物健康及生态系统完整性的诸多严峻挑战时，只有打破机构、个人、专业和部门之间的壁垒，才能找到创新点。过去的方法无法解决目前的难题以及未来的困顿。[30]我们正处于“同一个世界，同一种健康”（One World, One Health）[31]的时代，必须寻找合适的、前瞻性的、多学科的解决办法，从而应对摆在我们面前的挑战。

自从认识到真菌病原体的危害后，13年后的今天，数十名科学家联合发表了一份研讨会报告:《同一健康：人类、动物和植物的真菌病原体》（*One Health: Fungal Pathogens of Humans, Animals, and Plants*）。报告提出了一系列建议，希望能有效地降低未来真菌大流行的威胁。建议囊括了如何更好地报告和跟踪疾病，如何更好地预防和治疗疾病，以及抗真菌新药的研发。这在一定程度上取决于已知真菌的全球普查，包括环境和人类微生物组中的真菌，以及开发真菌基因组数据库。这些都将有助于我们更好地了解疫情。

对于最后一点，科学家们写道，正是我们对地球造成的影响才让真菌病原体得以出现。对于一些物种，人们之前并不知道它们会引起问题，例如美洲栗的栗疫病菌，人类的耳道假丝酵母菌，蝙蝠的锈腐假裸囊子菌和青蛙的蛙壶菌。如果我们想保护已知的地球物种，那我们必须得注意。仅仅意识到我们消费能源、产品和进行旅游带来的影响还远远不够，如果我们从小事做起，那么每个人都能贡献自己的力量。[32]

想象一下未来，我们期待在超市的货架上不仅摆着又细又长的黄香蕉，还有像苹果一样的香蕉以及几十种形状各异的香蕉，有的又短又粗，颜色各不相同，有蓝色也有红色，有的淀粉含量高，有的口感更甜。它们产自大大小小的种植园，这些种植园会把香蕉和木瓜等其他植物混合种在一起。由于新品种的出现和以生态为重的耕作方式，几十年来，农药和杀菌剂的用量已逐步减少，因此，很多作物上都贴着“可持续生长”的标签。普通小麦和硬粒小麦不再是大生产商的首要选择，他们开始种植苋菜、苔麸或荞麦，还有其他等谷物，这样，消费者不仅能享受到不同口感的谷物，还会要求小麦、蔬菜和水果的口味更加多元化。

再来想象一下未来的快速诊断。人们会对微生物（从病毒到真菌）进行一系列的 DNA 测序，负责快速检查植物疾病的护林员能在疾病蔓延前预防疾病的爆发，出口商能对自己的植物、种子和水果进行病虫害检测，而进口商只需简单地擦拭并检测生物产品即可。其实，如果人们终止野生动物贸易（青蛙、蝾螈、鱼、鸟），转而寻求圈养的、无病的宠物会怎样？全球公众如何才能意识到，无论初衷多么好，只要将圈养的动物放生到野外，就是一种弊大于利的行为？当我们在全球旅行时，不妨考虑一下这些行为，例如不带走当地的水果、蔬菜和植物，清理我们沾满泥的鞋子，或者在必要时接受疾病的预防性扫描。

我们应该把向前的每一小步看作是落实希望的一大步。科学家和政策制定者中，有很多人都在采取行动或正在采取大规模行动。他们是致力于保护物种遗传多样性（从作物到野生动物）的人，是为了更好地保护野生动物而推动立法的人，是不顾公众反对研发更有适应性的动植物的人，是为了让我们更好地保护某些物种免遭人类侵害而深入研究该物种生存遗传和生态基础的人。我们不仅非常了解、关心他们的工作，而且也相信、支持他们的工作。真菌带来了物种的灭绝和破坏，而我们则是造成一切的直接或间接因素。我们都生活在同一艘小船上，这艘小船名为“地球”。这里生活着松树、蝙蝠、青蛙和无数的其他动物，拯救它们就是拯救我们自己。怀揣希望采取行动，防止它们进一步消失，这是我们的道德义务。

致谢

2009年，东海岸蔓延着一种名为“晚疫病”的疾病，它们毁掉了丰收在望的番茄，这是我第一次真正地认识到真菌病原体。时间来到了2012年，马修·费舍尔、莎拉·古尔等人在《自然》（*Nature*）杂志上发表了一篇题为《新发真菌对动植物和生态系统健康带来的威胁》的文章，随后，其他文章也如雨后春笋般出现。科学家们敲响了警钟，他们现在还在继续，钟声也许比之前更加急促。当我在2019年秋天着手写这本书的时候，目的之一便是扩大他们的影响力，让读者意识到，有多少物种因真菌病原体而灭绝。另一个目的是提醒大家，我们要对的自己助长疫情的行为负责，否则这仅仅是个开始。

前几年我和大部分人一样，都是通过Zoom（手机云视频软件）与科学家和其他人进行会面的。我们在餐桌上、厨房里和客厅里讨论着疫情期间的真菌流行。我担心，当我们身处疫情时，可能无暇顾忌全球真菌的大流行。但后来，有位全家都感染了新型冠状病毒的科学家提醒我，考虑到真菌的性质，一旦真菌开始大流行，将会比任何病毒的大流行都严重。这句话是真的。因此，了解那些亲身经历过真菌大流行的科学家的工作内容，参考他们的观点态度，深思他们的预防措施和想法，这一切非常重要，我觉得在这里有必要和读者分享一下。

在此，感激那些向我描述他们的工作内容，阅读本书章节，向我回复电子邮件，以及与我讨论的人。他们的谈话和工作内容构成了本书的基础。很多人都阅读了本书的章节，以确保内容的准确性。如果出现错误，那肯定是我造成的。感谢乔治娅·奥特里、费斯·坎贝尔、阿图罗·卡萨德瓦利、玛尔塔·科尔特桑、马修·费舍尔、杰夫·福斯特、莎拉·古尔、彼得·詹金斯、鲍勃·基恩、格特·科玛、苏珊·朱厄尔、斯图尔特·莱维茨、玛丽安·穆尔、戴维·尼尔、弗兰克·帕斯曼、威廉·鲍威尔、梅根·龙伯格、罗尼·斯文纳、安迪·斯普赖、戴安娜·汤姆巴克、杰米·沃伊尔斯、万斯·弗里登伯格、汤姆·韦塞尔斯、杰瑞德·韦斯特布鲁克和罗伯特·威克（Robert Wick）。

乔恩·理查德是我的第一个采访对象，那时候还只有一个写这本书的想法。马特·阿梅斯带领我深入了解了爬行动物和两栖动物爱好者的世界，他给我回复的邮件总是很详细，对我的问题知无不言，还附上了许多有用的引文。杰拉德·巴恩斯和我分享了早期茶藨子属植物艰苦的、甚至是危险的搬迁工作及松树的培育工作。赖利·伯纳德（Riley Bernard）带我们去看了蝙蝠，让我们见识了当地小棕蝙蝠“嗖嗖嗖”飞过头顶的景象。我还要感谢布兰登·杰克逊（Brendan Jackson），我们通过电子邮件进行了多次对话，并对美国疾病预防与控制中心进行了访问，在这里我见到了满·托达（Mitsuru Toda）、肖恩·洛克哈特（Shawn Lockhart）以及其他从事公共卫生事业的人员，感谢你们所有人。凯伦·利普斯基本上“随叫随到”，并且所回复的邮件都经过了深思熟虑。我要感谢路易斯·波卡桑格雷，他在哥斯达黎加的地球大学招待了我和我丈夫，非常周到。路易斯给我们提供了一个机会，让我们知道香蕉从哪里来，深入观察该行业的劳动力人数，了解香蕉种植园的历史，以及当前种植它们所面临的挑战。在整个写作过程中，我通过电子邮件和Zoom与理查德·希涅日科进行了多次对话，他还给我发来了大量的文章、图片和演示文稿的链接。保罗·韦泽尔带我参观了史密斯学院的美洲栗果园，在与美洲栗基金会合作期间，我有机会体验如何检测美洲栗幼苗的抗性。

还有很多人为这本书贡献了自己的时间和精力，让我能更好地了解老树所面临的危险、它们的科学防护策略和沧桑之美，以及有志之士在保护动植物免受真菌病原体侵害时付出的努力他们有雷·阿塞林（Ray Asselin）、贝丝·伯克（Beth Berkow）、托马斯·贝尔托雷利（Thomas Bertorelli）、克里斯汀·埃利斯（Christine Ellis）、查德·加里纳特（Chad Gallinat）、安德鲁·加平斯基（Andrew Gapinski）、穆罕默德·甘努姆（Mahmoud Ghannoum）、埃文·格兰特（Evan Grant）、克里斯蒂娜·赫尔（Christina Hull）、南希·卡拉克（Nancy Karraker）、鲍勃·莱弗里特（Bob Leverett）、史蒂文·朗（Steven Long）、乔伊斯·朗科（Joyce Longcore）、梅根·莱曼（Meghan Lyman）、马立军（Li-Jun Ma）、科林·麦考密克（Colin McCormick）、道格拉斯·迈诺（Douglas Minor）、尼古拉斯·莫尼（Nicholas Money）、布列塔尼·莫泽（Brittany Moser）、泰勒·珀金斯（Taylor Perkins）、约翰·罗索（John Rossow）、艾莉森·斯特格纳（Allison Stegner）、杰弗里·汤森（Jeffrey Townsend）和马克·特瑞（Mark Twery）。

感谢我的早期读者盖伊·兰扎（Guy Lanza），感谢你的鼓励。我也很感谢很多研究人员，他们对一个陌生人所发送的标题为“问你一个小问题”的电子邮件进行了回复，不过这些问题往往并不简单。

我还要在此感谢真菌学家、流行病学家和其他科学家，他们为真菌、疾病和受这些疾病影响的生物提供了文献支持。这是一个复杂的过程，这些故事不仅建立在我所采访的科学家的研究基础上，还建立在几十个或上百个其他科学家的研究基础上。我很感激他们对真菌宿主及栖息地的研究，例如鸟类、青蛙、树木以及水质。

写这本书需要查阅大量的科学数据库和文献。我在马萨诸塞大学阿姆赫斯特分校的环境保护系担任兼职教师，非常感谢学校提供的便利设施。除此之外，我还能接触到大学图书馆，它们是无价的资源。十多年来，罗宁研究所一直是我的学术家园，这里有我的朋友、同事，需要的时候，我们还能充当彼此的啦啦队。

米歇尔·特斯勒（Michelle Tessler）是我的经纪人，在她的帮助下，我的书才有了雏形，如果没有她，我就没有和梅勒妮·托托罗利（Melanie Tortoroli）合作的机会。梅勒妮是我在诺顿出版社的编辑，她帮我把单词和段落整理成书。她在故事重组、章节安排以及精简文本上总是能给我切中要害的建议，虽然我觉得没人想了解新冠疫情后的下一场疫情是什么，但她对这个话题的热情给了我动力，让我坚持了下来。我也很感激诺顿出版社编辑及制作团队的其他人，感谢助理编辑们对这个项目的推进，莫·克里斯（Mo Crist）特负责初稿，安娜贝尔·布雷扎伊蒂斯（Annabel Brazaitis）为后来的稿件提供了关键的建议。书籍的出版是一件有趣的事情，作者精心编写，编辑为之提出了宝贵的意见，但要想让读者拿到这本书（尽可能少出错），则需要一系列完全不同的技能。感谢诺顿团队的其他成员，他们帮我创造了一本有人读的书，文字编辑帕特·韦兰（Pat Weiland）确保我的遣词造句无误，数字准确，薇薇安·雷纳特（Vivian Reinert）校对了手稿。感谢发行人员威尔·斯佳丽（Will Scarlett）、市场营销人员史迪夫·库卡（Steve Colca）、生产经理劳伦阿巴特（Lauren Abbate）和项目编辑罗伯特·伯恩（Robert Byrne）的贡献。我还要感谢岛屿出版社（Island Press）的艾米丽·特纳（Emily Turner），我的第一本书就是她编辑的。十几年前，也就是当我种的番茄死去后的几年，我写了一份关于真菌“杀手”及其他突发病原体的大纲。艾米丽一如既往地鼓励我，虽然我们没有进行下一步工作，但我仍然很感谢她早期与我讨论这个话题。

写完大纲的第一章后，我参加了 2019 年圣达菲科学作家研讨会（Santa Fe Science Writer’s Workshop），感谢写作小组，尤其要感谢克里斯蒂·阿什万登（Christie Aschwanden）阅读初稿并提出了有建设性的修改建议。

在这 3 年里，我才发现自己是多么幸运，能和朋友、邻居生活在一个关系融洽而又紧密的社区，他们以自己的方式为这个项目贡献了一份力量。通过卡片、酒、背包和滑雪板，我与利（Leigh）、约翰·雷（John Rae）一起熬过了 2 年。约翰通读了本书的草稿，并给出反馈意见，近几年他已经听说了很多有关致命真菌的事情。鲍勃·斯特朗（Bob Strong）阅读了有关美洲栗的章节，也正是鲍勃首先向我指出，托比山上还生长着美洲栗。哥斯达黎加之旅在鲍勃和米查·阿彻（Micha Archer）的参与下变得更加有趣，他们把我介绍给了图里奥（Tulio），图里奥又给我分享了他解决咖啡锈病的经验。我很钦佩布鲁斯·沃森（Bruce Watson）的写作能力，他读了本书的大纲和第一章。虽然很多邻居（包括利和卡琳）在多年前已经听说过真菌，但他们仍然愿意去阅读、提问和倾听。谢谢大家！

本（Ben）是我的丈夫，他非常有耐心，从构思到出版，我煎熬了多久，他就煎熬了多久，即便如此，他仍能开心地阅读本书，并给我鼓励和反馈意见。他会冒着“风险”提出一些有用的批评，谢谢你。最后，非常感谢支持我的团队：索菲（Sophie）、萨姆（Sam）、佩妮（Penny），他们随时准备读某一页、某一章或整本书，与我畅谈科学。

没有你们，我便无法完成这本书。

注释

引言

1. Jacob J. Golan and Anne Pringle, "Long–Distance Dispersal of Fungi", *Microbiology Spectrum*, 2017, 1–24.
2. W. Elbert et al., "Contribution of Fungi to Primary Biogenic Aerosols in the Atmosphere: Active Discharge of Spores, Carbohydrates, and Inorganic Ions by Asco and Basidiomycota", *Atmospheric Chemistry and Physics Discussions* 6, no. 6 (2006): 11317–55.
3. 很难找到关于动物、植物和微生物物种数量的确切估计。具体参见 Bing Wu et al., "Current Insights into Fungal Species Diversity and Perspective on Naming the Environmental DNA Sequences of Fungi", *Mycology* 10 (May 7, 2019): 127–40.

第 1 章

1. Centers for Disease Control and Prevention, "Fungal Diseases: Burden of Fungal Diseases in the United States".
2. Matt Richtel and Andrew Jacobs, "A Mysterious Infection, Spanning the Globe in a Climate of Secrecy", *The New York Times*, April 6, 2019.
3. 现在，随着清洁程度的加强及消毒剂的正确使用，医疗机构能在不拆除房间的情况下进行彻底消毒。从与 Brendan Jack 的交流中获知，2021 年 11 月 10 日。

4. 2020 年 1 月，作者对 Tom Chiller 的采访。“耳道假丝酵母菌这样的真菌出现在我们周围，而我们却无法解释它是如何出现的、从哪里来的。它们还对抗真菌药物具有耐药性，这是一个大问题。”
5. Matt Richtel and Andrew Jacobs, “A Mysterious Infection” .
6. Brendan R. Jackson et al., “On the Origins of a Species: What Might Explain the Rise of Candida Auris?” , *Journal of Fungi* 5, no. 3 (September 1, 2019).
7. 2019 年 11 月 21 日，作者对 Brendan Jack 的采访。
8. Emily Larkin et al., “The Emerging Pathogen Candida Auris: Growth Phenotype, Virulence Factors, Activity of Antifungals, and Effect of SCY-078, a Novel Glucan Synthesis Inhibitor, on Growth Morphology and Biofilm Formation” , *Antimicrobial Agents and Chemotherapy* 61, no. 5 (May 1, 2017).
9. Soo Chan Lee et al., “The Evolution of Sex: A Perspective from the Fungal Kingdom” , *Microbiology and Molecular Biology Reviews* 74, no. 2 (June 2010): 298–340.
10. Felix Bongomin et al., “Global and Multi-National Prevalence of Fungal Diseases—Estimate Precision” , *Journal of Fungi* 3, no. 4 (December 1, 2017).
11. Chaminda J. Seneviratne and Edvaldo A.R. Rosa, “Editorial: Antifungal Drug Discovery: New Theories and New Therapies” (editorial), *Frontiers in Microbiology* 7 (May 23, 2016):728; and Bart Jan Kullberg and Maiken C. Arendrup, “Invasice Candidiasis” , New England Journal of Medicine 373, no. 15 (October 2015):1445–56.
12. Aya Homei and Michael Worboys, “Introduction” and “Chapter 3: Candida—a Disease of Antibiotics” , in *Fungal Disease in Britain and the United States 1850—2000* (Basingstoke, UK: Palgrave Macmillan, 2013).
13. Vincent A. Robert and Arturo Casadevall, “Vertebrate Endothermy Restricts Most Fungi as Potential Pathogens” , *Journal of Infectious Diseases* 200, no. 10 (November 2009): 1623–26; and Monica A. Garcia-Solache and Arturo Casadevall, “Global Warming Will Bring New Fungal Diseases for

Mammals", *MBio* 1, no. 1:e00061–10(2010).

14. Arturo Casadevall, "Fungi and the Rise of Mammals", *PLoS Pathogens* 8, no. 8 (August 16, 2012).
15. 2019 年 11 月 13 日，作者对 Arturo Casadevall 的采访。
16. 对 Casadevall 的采访。
17. Garcia–Solache and Casadevall, "Global Warming".
18. Arturo Casadevall, Dimitrios P. Kontoyiannis, and Vincent Robert, "On the Emergence of Candida auris: Climate Change, Azoles, Swamps, and Birds", *MBio* 10, e01397–19, no. 4 (August 27, 2019).
19. 对 Casadevall 的采访。
20. Kaitlin Forsberg et al., "Candida auris: The Recent Emergence of a Multidrug–Resistant Fungal Pathogen", *Medical Mycology* 57, no. 1 (January 1, 2019): 1–12.
21. Wee Gyo Lee et al., "First Three Reported Cases of Nosocomial Fungemia Caused by Candida Auris", *Journal of Clinical Microbiology* 49, no. 9 (September 2011): 3139–42.
22. Jackson et al., "On the Origins".
23. Nancy A. Chow et al., "Potential Fifth Clade of Candida Auris, Iran, 2018", *Emerging Infectious Diseases* 25, no. 9 (2019): 1780–81.
24. 对 Jackson 的采访；Shawn R. Lockhart et al., "Simultaneous Emergence of Multidrug–Resistant Candida Auris on 3 Continents Confirmed by Whole–Genome Sequencing and Epidemiological Analyses", *Clinical Infectious Diseases* 64, no. 2 (2017): 134–40, and Michael A. Pfaller et al., "Twenty Years of the SENTRY Antifungal Surveillance Program: Results for Candida Species from 1997—2016", *Open Forum Infectious Diseases* 6, supplement 1 (March 15, 2019): S79–94.
25. 有关其进化和运动的著名研究请看：Philip Kiefer, "Genetic Tracking Helped Us Fight Ebola. Why Can't It Halt COVID–19?", FiveThirtyEight, 2020, ABC News, April 15, 2020.
26. John A. Rossow et al., "A One Health Approach to Combatting Sporothrix

Brasiliensis: Narrative Review of an Emerging Zoonotic Fungal Pathogen in South America”, *Journal of Fungi* 6, no. 4 (2020): 1–27.

27. 科学家们研究耳道假丝酵母菌后发现，它们并不会单独传播。就像孢子丝菌一样，它们很可能会附着在人类宿主上环游世界。Chow Nancy A. et al., “Tracing the Evolutionary History and Global Expansion of Candida Auris Using Population Genomic Analyses”, *MBio* 11, no. 2 (February 16, 2022): e03364–19.
28. Blake M Hanson et al., “Candida Auris Invasive Infections during a COVID–19 Case Surge”, (September 17, 2021), e01146–21.
29. Stuart M. Levitz, interview by the author, December 5, 2019.
30. 对 Levitz 的采访。
31. Arturo Casadevall, “Fungal Diseases in the 21st Century: The Near and Far Horizons”, *Pathogens and Immunity* 3, no. 2 (September 25, 2018): 183.
32. 对 Levitz 的采访。
33. “Ending AIDS: Progress towards the 90–90–90 Targets”, July 20, 2017; and UNAIDS, “UN AIDS Fact Sheet”. For cropytococcal numbers see Radha Rajasingham et al., “Global Burden of Disease of HIV–Associated Cryptococcal Meningitis: An Updated Analysis”, Lancet: Infectious Diseases 17, no. 8 (August 2017): 873–81.
34. G. R. Thompson, T. J. Gintjee and M. A. Donnelley, “Aspiring Antifungals : Review of Current Antifungal Pipeline Developments”, *Journal of Fungi*, (February 25, 2020), 1–11.
35. K. Bhullar et al., “Antibiotic Resistance Is Prevalent in an Isolated Cave Microbiome”, *PLoS ONE* 7, no. 4 (2012): 34953.
36. Mark V. Horton and Jeniel E. Nett, “Candida Auris Infection and Biofilm Formation: Going Beyond the Surface”, *Current Clinical Microbiology Reports* 7 (2020): 51–56; and Larkin et al., “Emerging Pathogen Candida auris”.
37. Meghan Lyman et al., “Transmission of Pan–Resistant and Echinocandin–Resistant Candida auris in Health Care Facilities—Texas and the District of

Colombia, January–April 2021”, *Morbidity and Mortality Weekly Report* 70 (2021): 1022–23.

38. 对 Levitz 的采访。
39. 一项 2022 年的研究表明，在印度销售的苹果中发现了耳道假丝酵母菌。新鲜采摘的苹果并不是耳道假丝酵母菌的宿主。目前还没有任何证据表明，苹果的销售和耳道假丝酵母菌的爆发存在关联。Anamika Yadav et al., “Candida Auris on Apples : Diversity and Clinical Significance”, *MBio* 13, no. 2: e0051822 (March 31, 2022). C. auris has also been isolated from tropical coastal environments: Parth Arora et al., “Environmental Isolation of Candida auris from the Coastal Wetlands of Anda man Islands, India”, *MBio* 12, no. 2: e03181–20 (March 1, 2021).
40. Mitsuru Toda et al., “Notes from the Field: Multistate Coccidioidomycosis Outbreak in U.S. Residents Returning from Community Service Trips to Baja California, Mexico—July–August 2018”, *Morbidity and Mortality Weekly Report* 68, no. 14 (April 12, 2019): 332–33.
41. 作者与 Mitsuru Toda 之间的交流，2021 年 11 月 15 日。
42. Morgan E. Gorris et al., “Expansion of Coccidioidomycosis Endemic Regions in the United States in Response to Climate Change”, *GeoHealth* 3, no. 10 (October 2019), 308–27. See the animated GIF “Climate Change to Accelerate Spread of Sometimes–Fatal Fungal Infection”.
43. “Emergence of *Cryptococcus Gattii*—Pacific Northwest, 2004—2010”.
44. David M. Engelthaler and Arturo Casadevall, “On the Emergence of Cryptococcus gattii in the Pacific Northwest: Ballast Tanks, Tsunamis, and Black Swans”, *MBio* 10:e02193–19(October 1, 2019).
45. S. J. Teman et al., “Epizootiology of a Cryptococcus Gattii Outbreak in Porpoises and Dolphins from the Salish Sea”, *Diseases of Aquatic Organisms* 146 (2021): 129–43.
46. American Society for Microbiology, “COVID–19–Associated Mucormycosis: Triple Threat of the Pandemic,” accessed January 24, 2022.
47. Gary M. Cox, “Mucormycosis (Zygomycosis)”.

48. Jesil Mathew et al., “COVID-19-Associated Mucormycosis: Evidence-Based Critical Review of an Emerging Infection Burden during the Pandemic’s Second Wave in India” , *PLoS Neglected Tropical Diseases* 15, no. 11: e0009921 (November 18, 2021).

第2章

1. 作者对 Karen Lips 的采访，2020 年 3 月 13 日。
2. Lips interview and Karen R. Lips, “Decline of a Tropical Montane Amphibian Fauna,” Conservation Biology 12, no. 1 (February 1998): 106-17.
3. Reviewed in Simon N. Stuart et al., “Status and Trends of Amphibian Declines and Extinctions Worldwide,” *Science* 306, no. 5702 (December 3, 2004): 1783-86.
4. Stuart et al. “Status and Trends” .
5. J. Alan Pounds et al., “Tests of Null Models for Amphibian Declines on a Tropical Mountain” , *Conservation Biology* 11, no. 6 (1997): 1307-22.
6. Ecological Society of America, “Strawberry Poison Frogs Feed Their Babies Poison Eggs” .
7. Ed Yong, “Resurrecting the Extinct Frog with a Stomach for a Womb,” *National Geographic*, March 15, 2013.
8. National Park Service, “Biological Miracle” .
9. Laura F. Grogan et al., “Review of the Amphibian Immune Response to Chytridiomycosis, and Future Directions” , *Frontiers in Immunology* 9 (November 9, 2018): 2536.
10. Mary L. Berbee, Timothy Y. James, and Christine Strullu-Derrien, “Early Diverging Fungi: Diversity and Impact at the Dawn of Terrestrial Life” , *Annual Review of Microbiology* 71 (2017): 41-60.
11. 要想吸引壶菌的孢子，留下虾或昆虫蜕皮后富含几丁质的壳是一种不错的方法。更多信息请参见：Joyce E. Longcore, “Maine Chytrid

Laboratory" , University of Maine.

12. 对 Lips 的采访。For more see Karen R. Lips, "Witnessing Extinction in Real Time" , *PLoS Biology* 16, no. 2: e2003080 (2018).
13. Joyce E. Longcore, Allan P. Pessier, and Donald K. Nichols, "Batrachochytrium dendrobatidis Gen. et sp. nov., a Chytrid Pathogenic to Amphibians" , *Mycologia* 91, no. 2 (1999): 219–27.
14. Grogan et al., "Review of the Amphibian Immune Response" .
15. Michael Greshko, "Ground Zero of Amphibian 'Apocalypse' Finally Found" , *National Geographic*, May 10, 2018.
16. Ben C. Scheele et al., "Amphibian Fungal Panzootic Causes Catastrophic and Ongoing Loss of Biodiversity" , *Science* 363, no. 6434 (March 29, 2019): 1459–63.
17. Ed Yong, "How a Frog Became the First Mainstream Pregnancy Test" , *Atlantic*, May 4, 2017; and Sam Kean, "The Birds, the Bees, and the Froggies" , *Distillations*, August 22, 2017.
18. 谁在什么时候做了什么存在争议。Lancelot Hogben, "Xenopus Test for Pregnancy" , *British Medical Journal* 2, no. 4095 (July 1, 1939): 38 – 39.
19. Lance van Sittert and G. John Measey, "Historical Perspectives on Global Exports and Research of African Clawed Frogs (Xenopus Laevis)" , *Transactions of the Royal Society of South Africa* 32, no. 1 (January 1, 1949): 45–54.
20. US Fish and Wildlife Service, "African Clawed Frog (Xenopus laevis) Ecological Risk Screening Summary" ; and G. J. Measey et al., "Ongoing Invasions of the African Clawed Frog, Xenopus laevis: A Global Review" , *Biological Invasions* 14, no. 11 (2012): 2255–70.
21. 作者对 Vance Vredenburg 的采访，2020 年 8 月 20 日。
22. 作者对 Vredenburg 的采访。
23. Vance T. Vredenburg et al., "Prevalence of Batrachochytrium Dendrobatidis in Xenopus Collected in Africa (1871–2000) and in California (2001–2010)", *PLoS ONE* 8, no. 5 (May 15, 2013): 63791.

24. 对 Vredenburg 的采访。

25. Simon J. O'Hanlon et al., "Recent Asian Origin of Chytrid Fungi Causing Global Amphibian Declines" , *Science* 360, no. 6389 (May 11, 2018): 621–27.

26. Rhys A. Farrer et al., "Multiple Emergences of Genetically Diverse Amphibian–Infecting Chytrids Include a Globalized Hypervirulent Recombinant Lineage" , *Proceedings of the National Academy of Sciences* 108, no. 46 (November 15, 2011): 18732–36; and Erica Bree Rosenblum et al., "Complex History of the Amphibian–Killing Chytrid Fungus Revealed with Genome Resequencing Data" , *Proceedings of the National Academy of Sciences of the United States of America* 110, no. 23 (June 2013): 9385–90.

27. O'Hanlon et al., "Recent Asian Origin" , quote on p. 3.

28. Peter Jenkins, Kristin Genovese, and Heidi Ruffler, "Broken Screens: The Regulation of Live Animal Imports in the United States" (Washington, DC: Defenders of Wildlife, 2007).

29. K. M. Smith et al., "Summarizing US Wildlife Trade with an Eye Toward Assessing the Risk of Infectious Disease Introduction" , *EcoHealth* 14, no. 1 (2017): 29–39.

30. Mark Auliya et al., "Trade in Live Reptiles, Its Impact on Wild Populations, and the Role of the European Market" , *Biological Conservation*, Part A, 204 (December 1, 2016): 103–19.

31. Smith et al., "Summarizing US Wildlife Trade" .

32. Jonathan Kolby, "To Prevent the next Pandemic, It's the Legal Wildlife Trade We Shoudl Worry About" , *National Geographic*, May 7, 2020.

33. Released Pets are a primary source: Florida Fish and Wildlife Conservation Commission, "Burmese Python" .

34. Anika Gupta, "Invasion of the Lionfish" , *Smithsonian Magazine*, May 7, 2009.

35. USGS, "How Did Snakehead Fish Get into the United States?" ; and

Kit Magellan, "Prayer Animal Release: An Understudied Pathway for Introduction of Invasive Aquatic Species" , *Aquatic Ecosystem Health & Management* 22, no. 4 (October 2, 2019): 452–61.
36. 作者对 Matthew Armes 的采访，2020 年 8 月 9 日。
37. Matthew Armes，邮件交流，2021 年 11 月 15 日。
38. 作者对 Matthew Fisher 的采访，2020 年 3 月 24 日。
39. Jessica A. Lyons and Daniel J.D. Natusch, "Wildlife Laundering through Breeding Farms: Illegal Harvest, Population Declines and a Means of Regulating the Trade of Green Pythons (Morelia Viridis) from Indonesia" , *Biological Conservation* 144, no. 12 (December 1, 2011): 3073–81.
40. Jia Hao Tow, William S. Symes, and Luis Roman Carrasco, "Economic Value of Illegal Wildlife Trade Entering the USA" , *PLoS ONE* 16, no. 10: e0258525 (October 2021); and Marcos A. Bezerra-Santos et al., "Legal versus Illegal Wildlife Trade: Zoonotic Disease Risks" , *Trends in Parasitology* 37, no. 5 (2021): 360–61.
41. Ben C. Scheele et al., "Amphibian Fungal Panzootic Causes Catastrophic and Ongoing Loss of Biodiversity" , *Science* 363, no. 6434 (March 29, 2019): 1459–63. For more about illegal trade see here: Wildlife Tracking Alliance, "Illegal Wildlife Trade" .
42. Invasive Species Compendium, "Rana Catesbeiana (American Bullfrog)" .
43. Tiffany A. Yap et al., "Averting a North American Biodiversity Crisis: A Newly Described Pathogen Poses a Major Threat to Salamanders via Trade" , *Science* 349, no. 6247 (2015): 481–82; and Yap et al., "Introduced Bullfrog Facilitates Pathogen Invasion in the Western United States" , *PloS One* 13, no. 4 (April 16, 2018): e0188384.
44. Mae Cowgill et al., "Social Behavior, Community Composition, Pathogen Strain, and Host Symbionts Influence Fungal Disease Dynamics in Salamanders" , *Frontiers in Veterinary Science* 8: 742288 (November 2021).
45. "AmphibiaWeb" ; and Yap et al,. "Averting a North American Biodiversity

Crisis”.
46. Elise F. Zipkin et al., “Tropical Snake Diversity Collapses after Widespread Amphibian Loss”, *Science* 367, no. 6479 (2020): 814–16.
47. Advancing Earth and Space Science (AGU), “Amphibian Die–Offs Worsened Malaria Outbreaks in Central America,” December 2, 2020; and M.R. Springborn et al., “Amphibian Collapses Exacerbated Malaria Outbreaks in Central America”, *MedRxiv*, December 9, 2020.

第3章

1. 2020年2月20日，作者采访了 Robert Wick。
2. Diana Tomback et al., Whitebark Pine Communities: Ecology and Restoration, Ecology(Washington, DC: Island, 2001).
3. Robert E. Keane et al., A Range–Wide Restoration Strategy for Whitebark Pine (Pinus albicaulis), Gen. Tech. Rep. RMRS–GTR–279 (Fort Collins, CO: US Department of Agriculture, Forest Service, Rocky Mountain Research Station, 2012).
4. Whitebark Pine Ecosystem Foundation, “Wildlife”.
5. D. F. Tomback and P. Achuff, “Blister Rust and Western Forest Biodiversity: Ecology, Values and Outlook for White Pines”, *Forest Pathology* 40, no. 3–4 (August 16, 2010): 186–225.
6. Tomback and Achuff, “Blister Rust”, 300.
7. Keane et al., *Range-Wide Restoration Strategy.*
8. Marc D. Abrams, “Eastern White Pine Versatility in the Presettlement Forest: This Eastern Giant Exhibited Vast Ecological Breadth in the Original Forest but Has Been on the Decline with Subsequent Land–Use Changes”, *BioScience* 51, no. 11 (November 1, 2001): 967–79.
9. Monumental Trees, “The Thickest, Tallest, and Oldest Eastern White Pines (Pinus strobus)”.

10. Haudenosaunee Confederacy, “Symbols” ; and Indigenous Values Initiative, “Haudenosaunee Values” (see “Great Tree of Peace”).
11. Donald Peattie, *A Natural History of North American Trees* (San Antonio, Texas: Trinity University Press, 2013), 30.
12. Peattie, *A Natural History*, 32.

    Kim E Hummer, “History of the Origin and Dispersal of White Pine Blister Rust” , *Horttechnology* 10 (2000): 515–17; P. Spaulding, United States Department of Agriculture and United States Bureau of Plant Industry, *The Blister Rust of White Pine* (Bulletin)(Washington, DC: US Government Printing Office, 1911); and W. V. Benedict, *History of White Pine Blister Rust Control: A Personal Account* (Washington, DC: US Department of Agriculture, Forest Service, 1981), 3.
13. Benedict, *History*, 4.
14. 弗洛拉·帕特森（Flora Patterson）于20世纪初成为真菌学家，她是首位担任该职务的女性，现在的真菌学家是梅根·龙伯格（Megan Romberg）。该职务几乎都由女性来担任。Hannah T. Reynolds, “Flora Patterson: Ensuring That No Knowledge Is Ever Lost” , in *Women in Microbiology* ed. Rachel Whitaker and Hazel Barton (Washington, DC: American Society of Microbiology, 2018), 219–31; and “Flora W. Patterson: The First Woman Mycologist at the USDA” , American Phytopathological Society.
15. G. Pierce, “White Pine Blister Rust First Report Reference”, Phytopathology 7 (1917): 224–25.
16. Benedict, *History*.
17. O.C. Maloy, “White Pine Blister Rust” , *The Plant Health Instructor*, 2003.
18. Terry Tattar, “Rust Diseases” , in Diseases of Shade Trees (Academic Press, 1989), 168–88; and Invasive Species Compendium, “Cronartium ribicola (White Pine Blister Rust)” .
19. 真菌的更多功能，参见 Suzanne Simard, *Finding the Mother Tree* (New York: Knopf, 2021).
20. In discussing how trees grow, Alex Shigo writes, “In effect they grow a new

tree over the old one every year”. Shigo, “Compartmentalization of Decay in Trees”, *Scientific American*, April 1, 1985, 96.

21. Alex Aronson, “Here’s What Things Cost 100 Years Ago: Grocery Items”, *Country Living*, July 30, 2020.
22. W.O. Frost, “Synopsis of Blister Rust Control in Maine—1932”, *The Blister Rust News*, vol. 17–18 (February 1933): 20.
23. Benedict, *History*, 15.
24. Gerald Barnes 的私人信件，他慷慨地向我提供了一本自己未出版的回忆录的草稿，我于 2021 年 1 月收到了它。
25. Joe Rankin, “Bad Vibes from Ribes—The Outside Story”, *Northern Woodlands*, January 14, 2013.
26. Isabel A Munck et al., “Impact of White Pine Blister Rust on Resistant Cultivated Ribes and Neighboring Eastern White Pine in New Hampshire”, *Plant Disease* 99, no. 10 (March 4, 2015): 1374–82; “Landscape: White Pine Blister Rust and Ribes Species”, Center for Agriculture, Food, and the Environment, University of Massachusetts, Amherst; and Greener Grass Farm, “State Legality of Gooseberry and Currant Berry (Laws Regarding Plants in the Ribes Genus)”.
27. “Impact of White Pine Blister Rust”; and “Landscape: White Pine Blister Rust”.
28. Brian W. Geils, Kim E. Hummer, and Richard S. Hunt, “White Pines, Ribes, and Blister Rust: A Review and Synthesis”, Forest Pathology 40, no. 3–4 (2010): 147–85; and “State Legality of Gooseberry and Currant Berry”.
29. Keane et al., *Range-Wide Restoration Strategy*, 31.
30. 2020年5月13日，作者对Diana Tomback的采访。Diana Tomback, “Clark’s Nutcracker: Agent of Regeneration”, *Whitebark Pine Communities*, 89–104; and Tomback, “Dispersal of Whitebark Pine Seeds by Clark’s Nutcracker: A Mutualism Hypothesis”, *Journal of Animal Ecology* 51, no. 2 (April 22, 1982): 451–67.
31. 2019 年 10 月 1 日，作者对 Diana Tomback 的采访。据 Diana Tomback

估算，星鸦能在一季内收集数万颗种子，一只星鸦能带走和藏匿的高达 32000 颗。还有人估算，它们储存的种子量是这个数字的 3 倍。

32. Diana F. Tomback, “The Foraging Strategies of Clark’s Nutcracker” , *Living Bird* 16 (1978): 123–61.
33. Ken Gibson, Sandy Kegley, and Barbara Bentz, “Forest Insect and Disease Leaflet 2: Mountain Pine Beetle” , USDA Forest Service, May 2009, 1–12.
34. Polly Buotte et al., “Climate Influences on Whitebark Pine Mortality from Mountain Pine Beetle in the Greater Yellowstone Ecosystem” , *Ecological Applications* 26 (July 1, 2016).
35. Donald Davis, “Historical Significance of American Chestnut to Appalachian Culture and Ecology” , in *Restoration of American Chestnut to Forest Lands*, ed. Kim Steiner and John Carson (Asheville: North Carolina Arboretum, 2004), 53–60.
36. Donald Davis, “Historical Significance of American Chestnut to Appalachian Culture and Ecology” , in Steiner and Carson, eds., *Restoration of American Chestnut to Forest Lands*, 53–60.
37. New York Zoological Society, “Annual Report” , 1898, p. 45.
38. New York Zoological Society, “Annual Report” , 1903, p. 64.
39. Hermann Merkle, “A Deadly Fungus on the American Chestnut” , in *New York Zoological Society*, “Annual Report” , 1905, pp. 97–103.
40. Susan Freinkel, *American Chestnut: The Life, Death, and Rebirth of a Perfect Tree*（Berkeley: University of California Press, 2007）.
41. Merkel, “Deadly Fungus” , 100.
42. Freinkel, *American Chestnut*, 30.
43. Merkel, “Deadly Fungus” , 101–2.
44. C. Campbell et al., *The Formative Years of Plant Pathology* (St. Paul, MN: APS Press, 1999), 162.
45. Peter Ayers, “Alexis Millardet: France’s Forgotten Mycologist” , *Mycologist* 18 (2004): 23–26.
46. Jay Ram Lamichhane et al., “Thirteen Decades of Antimicrobial Copper

Compounds Applied in Agriculture. A Review”, *Agronomy for Sustainable Development* 38, no. 3 (2018).

47. George Fiske Johnson, “The Early History of Copper Fungicides”, *Agricultural History* 9, no. 2 (February 19, 1935): 67–79.
48. D. F. Farr and A.Y. Rossman, “Fungal Databases”, n.d US National Fungus Collections, Agricultural Research Service, USDA.
49. William Alphonso Murrill, *Autobiography* (Gainesville, FL: William Alphonso Murrill, 1944), 70.
50. Freinkel, *American Chestnut*, Chaper 2, “A New Scourge”.
51. I. C. Williams, “The New Chestnut Bark Disease”, *Science* 34, no. 874 (December 2, 1911): 397–400; and Murrill, *Autobiography.*
52. 对 Wick 的采访。
53. New York Zoological Society, “Annual Report”, 1906.
54. Lawrence G Brewer, “Ecology of Survival and Recovery from Blight in American Chestnut Trees [Castanea Dentata (Marsh .) Borkh .] in Michigan”, *Bulletin of the Torrey Botanical Club* 122, no. 1 (1995): 40–57.
55. “All the Chestnut Trees Here Are Doomed”, *New York Times*, July 30, 1911.
56. 1912 年 5 月 8 日，农业部部长威尔逊（Wilson）的信，引用自：Freinkel, *American Chestnut: The Life, Death, and Rebirth of a Perfect Tree, 46.*
57. Sandra L. Anagnostakis, “Chestnuts and the Introduction of Chestnut Blight”, Connecticut Agricultural Experiment Station, November 1997.
58. Daniel Stone, *The Food Explorer: The True Adventures of the Globe-Trotting Botanist Who Transformed What America Eats*, (New York: Dutton, 2018), 221.
59. Andrew M. Liebhold and Robert L. Griffin, “The Legacy of Charles Marlatt and Efforts to Limit Plant Pest Invasions”, American Entomologist 62, no. 4 (December 6, 2016): 218–27.
60. Stone, *The Food Explorer*, 222.
61. Liebhold and Griffin, “The Legacy of Charles Marlatt”.

62. Charles Marlatt, *An Entomologist's Quest: The Story of the San Jose Scale—The Diary of a Trip around the World, 1901-1902* (Baltimore: Monumental Printing, 1953).
63. Charles Marlatt, "Pests and Parasites: Why We Need a National Law to Prevent the Importation of Insect-Infested and Diseased Plants", National Geographic, 1911.
64. Marlatt, *Entomologist's Quest*, 329.
65. Philip J. Pauly, "The Beauty and Menace of the Japanese Cherry Trees Conflicting Visions of American Ecological Independence", *ISIS* 87, no. 1 (1996): 51–73; and Stone, *Food Explorer*.
66. Stone, *Food Explorer*.
67. Liebhold and Griffin, "The Legacy of Charles Marlatt", 4.
68. "Topics of the Times", *The New York Times*, January 31, 1910.
69. Stone, *Food Explorer*, 23.
70. Marlatt, "Pests and Parasites"; Liebhold and Griffin, "Legacy of Charles Marlatt"; and Charles Marlatt, "Farmers' Bulletin" (Washington, DC: US Government Printing Office, 1912).
71. 具有讽刺意味的是，这些葡萄藤是一种潜在的、能解决进口真菌疾病（霜霉病）的方法，这种疾病最早由美国意外进口而来。更多信息详见：George Gale, "Saving the Vine from Phylloxera", in *Wine: A Scientific Exploration*, ed. Merton Sandler and Roger Pinder (Boca Raton, FL: CRC Press, 2002), 70–91.
72. 现在，大部分的酿酒葡萄都是这样种植的。
73. Kelli White, "The Devastator: Phylloxera Vastatrix & The Remaking of the World of Wine"; and Javier Tello et al., "Major Outbreaks in the Nineteenth Century Shaped Grape Phylloxera Contemporary Genetic Structure in Europe", *Scientific Reports* 9, no. 1 (2019): 1–11.
74. Liebhold and Griffin, "The Legacy of Charles Marlatt"; and Alan MacLeod et al., "Evolution of the International Regulation of Plant Pests and Challenges for Future Plant Health", *Food Security* 2, no. 1 (2010): 49–70.

75. Liebhold and Griffin, “The Legacy of Charles Marlatt” .
76. Pauly, “Beauty and Menace” , 51–73.
77. Liebhold and Griffin, “The Legacy of Charles Marlatt” .
78. 在夏威夷，它们感染了多型铁心木，引起了当时的多型铁心木锈病。岛上树木众多，这不仅是当地的标志，也是岛屿的生态基础。无论出于什么原因，它们的死亡都会带来毁灭性的打击。锈病并不严重，但在 2013 年前后，多型铁心木开始大量死亡。一种完全不同的真菌——极具侵略性的长喙壳属（*Ceratocystis*）成员来到了这里，造成了夏威夷岛上成千上万棵多型铁心木的死亡，此时的夏威夷人正在竭尽全力地阻止它们蔓延到其他的岛屿上。Lloyd Loope, “Guidance Document for Rapid ‘Ohi’ a Death” , December 2016.
79. Roderick J. Fensham et al., “Imminent Extinction of Australian Myrtaceae by Fungal Disease” , *Trends in Ecology & Evolution* 35, no. 7 (July 1, 2020).
80. “Austropuccinia Psidii (Myrtle Rust) ” , Invasive Species Compendium; and and Plant Health Australia, “Threat Specific Contingency Plan: Guava (Eucalyptus) Rust Puccinia psidii” , March 2009.
81. M. Glen et al., “Puccinia psidii: A Threat to the Australian Environment and Economy—A Review” , *Australasian Plant Pathology 36*, no. 1 (2007): 1–16; and Inez C. Tommerup et al., “Guava Rust in Brazil: A Threat to Eucalyptus and Other Myrtaceae” , *New Zealand Journal of Forestry Science* 33 (2003): 420–28.
82. Angus J. Carnegie and Geoff S. Pegg, “Lessons from the Incursion of Myrtle Rust in Australia” , *Annual Review of Phytopathology* 56 (August 25, 2018): 457–78.
83. Glen et al., “Puccinia Psidii” .
84. Fensham et al., “Imminent Extinction of Australian Myrtaceae” .
85. Carnegie and Pegg, “Lessons” .

第4章

1. Economic Research Service, USDA, “Apples and Oranges Are the Top U.S. Fruit Choices”.
2. International Plant Biotechnology Outreach, “Bananas: The Green Gold of the South” (Ghent, Belgium: IPBO, 2021).
3. Food and Agriculture Organization of the United Nations (FAO), “Banana Market Review”, *Banana Market Review*, no. February (2020): 7.
4. J. G. Adheka et al., “Plantain Diversity in the Democratic Republic of Congo and Future Prospects”, in *Acta Horticulturae* 1225 (2018): 261–68; and International Plant Biotechnology Outreach, “Bananas”.
5. Sabine Altendorf, “Banana Fusarium Wilt Tropical Race 4: A Mounting Threat to Global Banana Markets?”, FAO Food Outlook, November 2019.
6. Altendorf, “Banana Fusarium Wilt”, 15.
7. 作者对 Luis Pocasangre 的采访，2019 年 11 月 5 日。
8. Dan Koeppel, *Banana: The Fate of the Fruit That Changed the World* (New York: Plume, 2008), 158. 作为一名美国人，罗维也认识到了社会责任的重要性。他会给人们提供食物、经济资助和建议，并以此而闻名。2001 年，当罗维逝世时，洪都拉斯日报《时代报》(*El Tiempo*) 的一名作家写道：“我们失去了对洪都拉斯最好的美国人。”来源：Vezina Ana, “Tribute to Phil Rowe”.
9. Berna van Wendel de Joode et al., “Indigenous Children Living Nearby Plantations with Chlorpyrifos–Treated Bags Have Elevated 3,5,6–Trichloro–2–Pyridinol (TCPy) Urinary Concentrations”, Environmental Research 117 (August 2012): 17–26.
10. 对 Pocasangre 的采访。
11. 对 Pocasangre 的采访。
12. 2020 年 9 月 15 日，作者对 Gert Kema 的采访；以及 N. Maryani et al., “Phylogeny and Genetic Diversity of the Banana Fusarium Wilt Pathogen

Fusarium Oxysporum f. Sp. Cubense in the Indonesian Centre of Origin" , *Studies in Mycology* 92 (March 1, 2019): 155–94.

13. Koeppel, *Banana*, 32–33.
14. John Soluri, *Banana Cultures* (Austin: University of Texas Press, 2005).
15. Soluri, "Accounting for Taste" , 390.
16. Gert Kema, "The Ongoing Pandemic of Tropical Race 4 Threatens Global Banana Production" , Open Plant Pathology.
17. Soluri, "Accounting for Taste" , 396.
18. Koeppel, *Banana*, 138.
19. Koeppel, *Banana*, 117.
20. Dirk Albert Balmer et al., "Editorial: Fusarium Wilt of Banana, a Recurring Threat to Global Banana Production" , *Frontiers in Plant Science* (January 11, 2021): 628888.
21. Miguel Dita et al., "Fusarium Wilt of Banana: Current Knowledge on Epidemiology and Research Needs toward Sustainable Disease Management" , *Frontiers in Plant Science* (October 19, 2018); and ProMusa, "Fusarium oxysporum f. sp. Cubense" .
22. Food and Agriculture Organization of the United Nations, "Preventing the Spread and Introduction of Banana Fusarium Wilt Disease Tropical Race 4 (TR4): Guide for Travelers" , Rome, 2020; and Kema, "Ongoing Pandemic of Tropical Race 4" , 8.
23. Jacopo Prisco, "Why Bananas as We Know Them Might Go Extinct (Again)", CNN, January 8, 2016; Dan Koeppel, "Yes We Will Have No Bananas" , *New York Times*, June 18, 2008; Mike Reed, "We Have No Bananas" , *The New Yorker*, January 10, 2010.
24. Marcel Maymon et al., "The Origin and Current Situation of Fusarium Oxysporum f. Sp. Cubense Tropical Race 4 in Israel and the Middle East" , *Scientific Reports* 10, no. 1 (2020): 1590.
25. H. J. Su, S. C. Hwang, and W. H Ko, "Fusarial Wilt of Cavendish Bananas in Taiwan" , *Plant Disease* 70 (1986): 814–18.

26. Si-Jun Zheng et al., “New Geographical Insights of the Latest Expansion of Fusarium Oxysporum f.Sp. Cubense Tropical Race 4 Into the Greater Mekong Subregion”, *Frontiers in Plant Science* 9 (2018): 457.

27. 2021 年，秘鲁发现了这种真菌，促使该国宣布进入国家紧急状态。BananaLink, “Peru Declares National Emergency as TR4 Outbreak Is Confirmed”.

28. Kema 已经能从东南亚湄公河地区的 TR4 入侵事件中看出这种关系。作者与 Kema 的邮件交流，2022 年 8 月 2 日。

29. Maymon et al., “Origin and Current Situation”.

30. 对 Kema 的采访。

31. 与 Kema 的邮件交流；AC van Westerhoven et al., “Uncontained spread of Fusarium wilt of banana threatens African food security”, PLOS Pathogens 18 (2022): e1010769.

32. 作者与 Luis Pocasangre 的邮件交流，2022 年 2 月 21 日；Angelina Sanderson Bellamy, “Banana Production Systems: Identification of Alternative Systems for More Sustainable Production”, *Ambio* 42, no. 3 (April 2013): 334–43.

33. Cahal Milmo, “‘Noah’s Ark’ of the Fruit World Where the Banana Seeds of 1,600 Varieties Are Grown”, *Independent*.

34. 作者对 Sarah Gurr 的采访，2022 年 1 月 26 日。

35. 作者对 Kema 的采访，2020 年 9 月 15 日。

36. 地球大学的波卡桑格雷（Pocasangre）说道，在降雨量较多的时候，就像利马，“不喷是不可能的”，他说，“但我们的用量会更少”，大约是当地传统种植者所用剂量的一半——因此，水果上贴着可持续种植的标签而非有机种植的标签。

37. 作者对 Rony Swennen 的采访，2020 年 1 月 22 日。

38. 人们于 1902 年首次在爪哇发现了该传染病，随后它又蔓延到了斐济、澳大利亚、锡兰和其他地区。Soluri, *Banana Cultures*, 104–107.

39. Soluri, *Banana Cultures*, 108.

40. Soluri, *Banana Cultures*, 215.

41. Steve Marquardt, “Pesticides, Parakeets, and Unions in the Costa Rican

Banana Industry , 1938–1962" , *Latin American Research Review* 37, no. 2 (2002): 3–36.

42. Marquardt, "Pesticides, Parakeets" , 3, 25, 28. For more about copper toxicity see Lamichhane et al., "Thirteen Decades of Antimicrobial Copper Compounds"; and Lori Ann Thrupp, "Long–Term Losses from Accumulation of Pesticide Residues: A Case of Persistent Copper Toxicity in Soils of Costa Rica" , *Geoforum* 22, no. 1 (January 1, 1991): 1–15.
43. For more about fungicides and toxicity, see A. Chong Aguirre, "The Origin, Versatility and Distribution of Azole Fungicide Resistance in the Banana Black Sigatoka Pathogen Pseudocercospora fijiensis" , PhD diss., Wageningen University, Netherlands, 2016; and William Henriques et al., "Agrochemical Use on Banana Plantations in Latin America: Perspectives on Ecological Risk" , *Environmental Toxicology and Chemistry* 16, no. 1 (1997): 91–99.
44. Paul E. Verweij et al., "The One Health Problem of Azole Resistance in Aspergillus fumigatus: Current Insights and Future Research Agenda" , *Fungal Biology Reviews* 34, no. 4 (December 2020): 202–14.
45. Madison Stewart, "The Deadly Side of America's Banana Obsession" , Pulitzer Center, March 30, 2020.
46. Trevor Maynard, "Food System Shock: The Insurance Impacts of Acute Disruption to Global Food Supply, Emerging Risk Report 2015" , Lloyd's, 2015, 1–30.
47. Ravi P. Singh et al., "The Emergence of Ug99 Races of the Stem Rust Fungus Is a Threat to World Wheat Production" , *Annual Review of Phytopathology* 49, no. 1 (September 8, 2011): 465–81.
48. 对 Gurr 的采访。
49. Helen N. Fones et al., "Threats to Global Food Security from Emerging Fungal and Oomycete Crop Pathogens" , *Nature Food* 1, no. 6 (June 8, 2020): 332–42.
50. 对 Gurr 的采访。

第5章

1. USGS, “What Do Bats Eat?” .
2. 不到十年的时间里，这种真菌跨越了大平原，感染了曼尼托巴、华盛顿州以及南部远至得克萨斯州的蝙蝠，并造成了它们的死亡。
3. Tina L. Cheng et al., “The Scope and Severity of White–Nose Syndrome on Hibernating Bats in North America” , Conservation Biology 35, no. 5 (2021): 1586–97; and Cheng et al., “Higher Fat Stores Contribute to Persistence of Little Brown Bat Populations with White–Nose Syndrome” , *Journal of Animal Ecology* 88, no. 4 (April 1, 2019): 591–600.
4. OSU Bio Museum, “Bat Sounds” , Ohio State University.
5. M. Lisandra Zepeda Mendoza et al., “Hologenomic Adaptations Underlying the Evolution of Sanguivory in the Common Vampire Bat” , *Nature Ecology & Evolution* 2, no. 4 (2018): 659–68.
6. 飞狐（flying fox）原产于菲律宾，是众多蝙蝠中的一种，人们会猎食它们，并在市场上销售它们，这是病毒从野生动物传播到人类的潜在途径。蝙蝠特有的病原体可能会造成在人类中的大流行；离家较近的蝙蝠可能会携带狂犬病，这是一种危险的疾病，如果不及时治疗，将会带来致命的风险。
7. Christopher S. Richardson et al., “Thomas H. Kunz” , *Physiological and Biochemical Zoology* 94, no. 4 (2021): 253–67; and Allen Kurta et al., “Obituary: Thomas Henry Kunz (1938–2020)” , *Journal of Mammalogy* 101, no. 6 (2020): 1752–80.
8. Gary F McCracken et al., “Airplane Tracking Documents the Fastest Flight Speeds Recorded for Bats” , *Royal Society Open Science* 3, no. 11 (December 7, 2021): 160398.
9. 作者对 Jonathan Reichard 的采访，2019 年 7 月 19 日；Elizabeth Kolbert, “The Sixth Extinction: An Unnatural History” (New York: Henry Holt and Company, 2014).

10. 作者对 Jonathan Reichard 的采访。
11. 作者对 Jonathan Reichard 的采访；Giorgia Auteri, "Are Bats Adapting to an Emergent Disease?" , *Ecology and Evolution*, April 13, 2020.
12. Vishnu Chaturvedi et al., "Morphological and Molecular Characterizations of Psychrophilic Fungus Geomyces Destructans from New York Bats with White Nose Syndrome (WNS)" , *PloS One* 5, no. 5 (May 2010) : e10783.
13. Riley F. Bernard et al., "Identifying Research Needs to Inform White-Nose Syndrome Management Decisions" , *Conservation Science and Practice* 2, no. 8 (August 30, 2020): e220.
14. Aaron T. Irving et al., "Lessons from the Host Defences of Bats, a Unique Viral Reservoir" , *Nature* 589, no. 7842 (2021): 363–70; and Alice Latinne et al., "Coronaviruses in China" , *Nature Communications* 11, no. 4235 (August 25, 2020).
15. Carol U. Meteyer, Daniel Barber, and Judith N. Mandl, "Pathology in Euthermic Bats with White Nose Syndrome Suggests a Natural Manifestation of Immune Reconstitution Inflammatory Syndrome" , *Virulence* 3, no. 7 (November 15, 2012): 583–88.
16. 作者对 Marianne Moore 的采访，2021 年 1 月 20 日；Marianne S. Moore et al., "Hibernating Little Brown Myotis (Myotis Lucifugus) Show Variable Immunological Responses to White-Nose Syndrome" , *PloS One* 8, no. 3 (2013): e58976.
17. T. M. Lilley et al., "Immune Responses in Hibernating Little Brown Myotis (Myotis Lucifugus) with White-Nose Syndrome" , *Proceedings of the Royal Society B: Biological Sciences* 284, no. 1848 (2017).
18. 作者对 Moore 的采访。
19. Meteyer et al., "Pathology in Euthermic Bats" , 3.
20. Meteyer et al., "Pathology in Euthermic Bats" .
21. 作者对 Stuart M. Levitz 的采访，2019 年 5 月 12 日。
22. Justin G. Boyles et al., "Economic Importance of Bats in Agriculture" , *Science* 332, no. 6025 (2011): 41–42.

23. 虽然白鼻综合征是一个巨大的威胁，但还有一个迫在眉睫的问题——涡轮机。据估算，每年约有 90 万 ~600 万只蝙蝠死于风力涡轮机。随着涡轮机的数量和规模不断增加，这一数字可能还会上升。如果说白鼻综合征是北美冬眠蝙蝠的急性威胁，那么对于飞行路径与涡轮机有交集的迁徙性蝙蝠来讲，涡轮机则是潜在的、慢性的全球性威胁。Daniel Y. Choi, Thomas W. Wittig, and Bryan M. Kluever, "An Evaluation of Bird and Bat Mortality at Wind Turbines in the Northeastern United States", *PloS One* 15, no. 8 (August 28, 2020): e0238034.
24. Andrew Cliff and Peter Haggett, "Time, Travel and Infection", *British Medical Bulletin* 69 (2004): 87–99.
25. US Travel Association, "US Travel and Tourism Overview", 2019.
26. C. R. Wellings, R. A. McIntosh, and J. Walker, "Puccinia striiformis f. sp. tritici in Eastern Australia: Possible Means of Entry and Implications for Plant Quarantine", *Plant Pathology* 36, no. 3 (September 1987): 239–41.
27. 2020 年 9 月 3 日，作者对 Jeffrey Foster 的采访；以及 Kevin Drees et al., "Phylogenetics of a Fungal Invasion : Origins and Widespread Dispersal Of White-Nose Syndrome", 8, no. March 2019 (2018): 1–15.
28. Michael Campana et al., "White-Nose Syndrome Fungus in a 1918 Bat Specimen from France", *Emerging Infectious Disease Journal* 23, no. 9 (2017): 1611.
29. Marcus Fritze et al., "Determinants of Defence Strategies of a Hibernating European Bat Species towards the Fungal Pathogen Pseudogymnoascus destructans", Developmental and Comparative Immunology 119 (June 2021).
30. 对 Foster 的采访。
31. Kate E. Langwig et al., "Drivers of Variation in Species Impacts for a Multi-Host Fungal Disease of Bats", *Philosophical Transactions of the Royal Society B: Biological Sciences* 371, no. 1709 (December 5, 2016).
32. Tina L Cheng et al., "Higher Fat Stores Contribute to Persistence of Little Brown Bat Populations with White-Nose Syndrome", *Journal of Animal*

Ecology 88, no. 4 (April 1, 2019): 591–600.

33. Cheng et al., “Scope and Severity of White–Nose Syndrome” .
34. Weiner, The Beak of the Finch(New York: Vintage, 1995), 43.
35. Emily Singer, “Watching Evolution Happen In Two Lifetimes” , *Quanta Magazine*, 2016. For more see Joel Achenbach, “The People Who Saw Evolution” , *Princeton Alumni Weekly*, April 23, 2014.
36. Emily Singer, “Watching Evolution Happen In Two Lifetimes” .
37. Rosemary Grant and Peter R Grant, “What Darwin’s Finches Can Teach Us about the Evolutionary Origin and Regulation of Biodiversity” , *BioScience*, vol. 53, (October 2003): 965–75.
38. Gerardo Ceballos, Paul R. Ehrlich, and Peter H. Raven, “Vertebrates on the Brink as Indicators of Biological Annihilation and the Sixth Mass Extinction” , *Proceedings of the National Academy of Sciences of the United States of America* 117, no. 24 (2020): 13596–602.
39. 2020 年 2 月 26 日，作者对 Giorgia Auteri 的采访。
40. 作者对 Giorgia Auteri 的采访。
41. Giorgia G. Auteri and L. Lacey Knowles, “Decimated Little Brown Bats Show Potential for Adaptive Change” , *Scientific Reports* 10, no. 1 (2020): 1–10.
42. 作者对 Giorgia Auteri 的采访。
43. Craig L. Frank, April D. Davis, and Carl Herzog, “The Evolution of a Bat Population with White–Nose Syndrome（WNS）Reveals a Shift from an Epizootic to an Enzootic Phase”, *Frontiers in Zoology* 16, no. 1 (2019): 1–9.
44. 作者对 Giorgia Auteri 的采访。
45. 19 世纪后期，澳大利亚释放的黏液瘤病毒（myxoma）是病原体宿主关系的典型案例，其目的在于杀死欧洲的兔子，但该行为造成了灾难性的后果——1 个多世纪后，病毒持续进化，抑制了兔子的免疫力。详见：Peter J. Kerr et al., “Evolutionary History and Attenuation of Myxoma Virus on Two Continents” , ed. Bruce R. Levin, *PLoS Pathogens* 8, no. 10 (October 4, 2012): e1002950.
46. Jamie Voyles, “Dr. Jamie Voyles: Epic Research Investigating Epidemics

and Infectious Diseases in Wildlife” , *People Behind the Science Podcast*, October 15, 2018.
47. 作者对 Jamie Voyles 的采访，2020 年 3 月 31 日。
48. 作者对 Vance Vredenberg 的采访 , 2020 年 8 月 20 日。
49. Andrea J. Jani et al., “The Amphibian Microbiome Exhibits Poor Resilience Following Pathogen-Induced Disturbance” , *ISME Journal* 15 (February 9, 2021): 1628–40; and Silas Ellison et al., “Reduced Skin Bacterial Diversity Correlates with Increased Pathogen Infection Intensity in an Endangered Amphibian Host” , *Molecular Ecology* 28, no. 1 (2019): 127–40.
50. 作者对 Vance Vredenburg 的采访，2020 年 12 月 18 日。

第 6 章

1. Gerald Barnes 未出版的回忆录，作者于 2021 年 1 月收到来稿。
2. The Rocky Mountain Research Station, “Return of the King: Western White Pine Conservation and Restoration in a Changing Climate” .
3. Sugar Pine Foundation, “Record Sugar Pines Discovered in the Sierra Nevada” .
4. Donald Peattie, *A Natural History of North American Trees* (San Antonio, Texas: Trinity University Press, 2013), 46.
5. Louis T. Larsen and T. D. Woodbury, “Sugar Pine” , USDA Bulletin no. 426 (Washington, DC, December 30, 1916).
6. Bohun B. Kinloch, “White Pine Blister Rust in North America: Past and Prognosis” , *Phytopathology* 93 (March 7, 2003): 1044–47.
7. R Bingham, “Blister Rust Resistant Western White Pine for the Inland Empire: The Story of the First 25 Years of the Research and Development Program” , USDA, Forest Service, General Technical Report INT-146, June 1983.
8. Richard J. Klade, “Building a Research Legacy–The Intermountain Station

1911–1997”, USDA Forest Service, General Technical Report RMRS-GTR-184, 2006.

9. Klade, “Building a Research Legacy”.
10. Gerald Barnes 未出版的回忆录。
11. Brian P. McEvoy and Peter M. Visscher, “Genetics of Human Height”, *Economics and Human Biology* 7, no. 3 (December 2009): 294–306.
12. H. M. Heybroek et al., “Resistance to Diseases and Pests in Forest Trees: Basic Biology and International Aspects of Rust Resistance in Forest Trees”, in *Proceedings of the Third International Workshop on the Genetics of Host-Parasite Interactions in Forestry*, vol. 505 (Wageningen, Netherlands, 1980), 14–21.
13. Bohun Kinloch, “Sugar Pine: An American Wood”, USDA (Washington, DC: US Government Printing Office, February 1984).
14. J. N. King et al., “A Review of Genetic Approaches to the Management of Blister Rust in White Pines”, *Forest Pathology* 40, no. 3–4 (2010): 292–313; and Richard A. Sniezko, Jeremy S. Johnson, and Douglas P. Savin, “Assessing the Durability, Stability, and Usability of Genetic Resistance to a Non-native Fungal Pathogen in Two Pine Species”, *Plants, People, Planet* 2, no. 1 (2020): 57–68.
15. Richard A. Sniezko and Jennifer Koch, “Breeding Trees Resistant to Insects and Diseases: Putting Theory into Application”, *Biological Invasions* 19, no. 11 (November 20, 2017): 3377–400.
16. 作者对 Richard Sniezko 的采访。
17. 作 者 对 Haley Smith 的 采 访，2020 年 4 月。Smith 是 Dorena Genetic Resource Center ）种子项目的协调员和园艺师。
18. 作者对 Richard Sniezko 的采访。
19. Robert E. Keane et al., *A Range-Wide Restoration Strategy for Whitebark Pine* (Pinus albicaulis), Gen. Tech. Rep. RMRS-GTR-279 (Fort Collins, CO: US Department of Agriculture, Forest Service, Rocky Mountain Research Station, 2012).

20. Bob Keane, A. D. Bower, and Sharon Hood, "A Burning Paradox: Whitebark Is Easy to Kill but Also Dependent on Fire" , Nutcracker Notes 38 (2020): 7c8, 34.
21. Keane et al., *Range-Wide Restoration Strategy*; Cathy L. Cripps et al., "Inoculation and Successful Colonization of Whitebark Pine Seedlings with Native Mycorrhizal Fungi under Greenhouse Conditions" , in *The Future of High-Elevation, Five-Needle White Pines in Western North America*, Proceedings of the HighFive Symposium, Missoula, MT, June 28–30, 2010, ed. Robert E. Keane, Diana F. Tomback, Michael P. Murray, and Cyndi M. Smith (Fort Collins, CO: USDA, Forest Service, Rocky Mountain Research Station, 2011).
22. Cathy L. Cripps and Eva Grimme, "The Future of High–Elevation, Five–Needle White Pines in Western North America: Proceedings of the High Five Symposium" , Keane et al., eds., in *Future of High Elevation White Pines*.
23. Jad Daley, "Save Our Summits" , American Forests, December 20, 2020.
24. Kristian A. Stevens et al., "Sequence of the Sugar Pine Megagenome" , Genetics 204, no. 4 (December 1, 2016): 1613–26.
25. Allison Piovesan et al., "On the Length, Weight and GC Content of the Human Genome" , *BMC Research Notes* 12, no. 1 (February 27, 2019): 106.
26. Kristian A. Stevens et al., "Sequence of the Sugar Pine Megagenome" , *Genetics* 204, no. 4 (December 1, 2016): 1613–26.
27. 作者对 David Neale 的采访，2021 年 1 月 12 日。
28. National Human Genome Research Institute, "The Cost of Sequencing a Human Genome.
29. 作者对 Tomback 的采访，2022 年 5 月 13 日。

第 7 章

1. Julian Ramirez–Villegas et al., "State of Ex Situ Conservation of Landrace

Groups of 25 Major Crops", *Nature Plants* 8 (2022): 491–99. For a more detailed discussion of landraces see Francesc Casañas et al., "Toward an Evolved Concept of Landrace", *Frontiers in Plant Science* 8 (February 8, 2017): 1–7.

2. Adi B. Damania, "History, Achievements, and Current Status of Genetic Resources Conservation", *Agronomy Journal* 100, no. 1 (January 1, 2008): 9–21.
3. Cary Fowler, *Seeds on Ice: Svalbard and the Global Seed Vault* (Westport, Ct: Prospecta Press, 2016), 82. See also, about seed banking: Marci Baranski, "Seed Banking 1979–1994", Embryo Project Encyclopedia, January 28, 2014.
4. Cary Fowler, "Seeds on Ice", *American Scientist* 104, no. 5 (2016): 304.
5. Fowler, *Seeds on Ice*.
6. Gary Nabhan, "How Nikolay Vavilov, the seed collector who tried to end famine, Died of starvation", Splendid Table.
7. Marci Baranski, "Nikolai Ivanovic Vavilov (1887–1943)", Embryo Project Encyclopedia.
8. Sara Peres, "Saving the Gene Pool for the Future: Seed Banks as Archives", *Studies in History and Philosophy of Science Part C :Studies in History and Philosophy of Biological and Biomedical Sciences* 55 (2016): 96–104.
9. R. J. Griesbach, "150 Years of Research at the United States Department of Agriculture : Plant Introduction and Breeding", USDA: Agricultural Research Service, June 2013.
10. Griesbach, "150 Years".
11. Simran Sethi, "This Colorado Vault Is Keeping Your Favorite Foods from Going Extinct", The Counter, March 5, 2018. 世界各地都有种质和种子保存库：俄勒冈州的科瓦利斯保存着水果和坚果；日内瓦和纽约的站点归属于康奈尔大学，这里保存了各种各样的苹果、樱桃和葡萄。大麻种子库是这所大学的新收藏。这些机构将种子和植物分发给世界各地的研究人员和育种专家，帮他们研发出一些耐干旱、抗病虫害的作物。

12. Kaine Korzekwa, “The Necessity of Finding, Conserving Crop Wild Relatives”, Science Daily; and Eric Debner, “Ames Seed Bank Saves for Future”, *Iowa State Daily*, October 2, 2012.
13. Fowler, *Seeds on Ice*, 48.
14. Fowler, *Seeds on Ice*, 304.
15. American Phytopathological Society.
16. Charles Mann, *The Wizard and the Prophet: Two Remarkable Scientists and Their Dueling Visions to Shape Tomorrow's World* (New York, New York: Vintage Books, 2018), 108.
17. 博洛格在明尼苏达大学（University of Minnesota）攻读了研究生，并在埃尔文·斯托克曼（Elvin Stakman）的指导下研究了植物病理学。博洛格在上研究生期间，研究的是真菌病原体而非锈菌。几年后，当斯托克曼受邀研究墨西哥的茎锈病时，他邀请了博洛格——当时他还在杜邦公司工作。详见 Mann, *Wizard and Prophet*; and Richard Zeyen et al., “Norman Borlaug: Plant Pathologist/Humanitarian”, *APSnet Feature Articles*, 2000.
18. Mann, *Wizard and Prophet*, 128.
19. 在颁发诺贝尔奖时，博洛格荣获了和平奖，诺贝尔奖评选委员会主席奥瑟·里奥奈斯（Aase Lionaes）女士是这样评价他的：“与同时代的人相比，他为这个饥饿的世界带来了更多面包。希望面包可以给世界带来和平。因此我们将这一奖项授予博洛格先生。” Aase Lionaes, “The Nobel Peace Prize 1970 Presentation Speech”, NobelPrize.Org.
20. Borlaug Global Rust Initiative.
21. Norman Borlaug, “Foreword,” in “Sounding the Alarm on Global Stem Rust”, Expert Panel on the Stem Rust Outbreak in Eastern Africa, May 29, 2005.
22. 作者对 Sarah Gurr 的采访，2022 年 1 月 26 日。
23. Pablo D. Olivera, Matthew N. Rouse, and Yue Jin, “Identification of New Sources of Resistance to Wheat Stem Rust in Aegilops Spp. in the Tertiary

Genepool of Wheat”, *Frontiers in Plant Science* 9 (November 22, 2018): 1719; Dag Terje Filip Endresen et al., “Sources of Resistance to Stem Rust (Ug99) in Bread Wheat and Durum Wheat Identified Using Focused Identification of Germplasm Strategy”, *Crop Science* 52, no. 2 (2012): 764–73; and CGIAR, “Wheat (‘Triticum’ Spp.) Is the World’s Most Important Food Crop”.

24. 作者对 Sarah Gurr 的采访。

Guotai Yu et al., “Aegilops Sharonensis Genome–Assisted Identification of Stem Rust Resistance Gene Sr62”, *Nature Communications* 13, no. 1607 (March 25, 2022). 2020 年，阿根廷批准抗干旱小麦面粉上市。到目前为止，这是世界上首个也是唯一一个获得批准的转基因小麦。2013 年，人们在俄勒冈州的一块田地里种植了转基因小麦。Dan Charles, “GMO Wheat Found in Oregon Field: How Did It Get There?”, *The Salt*, NPR, May 30, 2013.

25. 作者对 Sarah Gurr 的采访。
26. Zeina A. Kanafani and John R. Perfect, “Resistance to Antifungal Agents: Mechanisms and Clinical Impact”, *Clinical Infectious Diseases* 46 (2008): 120–28.
27. Jan W. M. Van Der Linden et al., “Clinical Implications of Azole Resistance in Aspergillus fumigatus”, 17, no. 10 (2012): 2007–9; and P. P. A. Lestrade et al., “Triazole Resistance in Aspergillus fumigatus: Recent Insights and Challenges for Patient Management”, *Clinical Microbiology and Infection* 25, no. 7 (2019): 799–806.
28. Paul Verweij et al. “Triazole fungicides and the selection of resistance to medical triazoles in the opportunistic Mould Aspergillus fumigatus”, *Pest management science* vol. 69, 2 (2013): 165–70; and Paul E. Verweij, Emilia Mellado, and Willem J. G. Melchers, “Multiple–Triazole–Resistant Aspergillosis”, *New England Journal of Medicine* 356, no. 14 (April 5, 2007): 1481–83.
29. Verweij, Mellado, and Melchers, “Azole Resistance in Aspergillus”; and

Paul E. Verweij et al., “Azole Resistance in Aspergillus fumigatus: A Side-Effect of Environmental Fungicide Use?” , *Lancet Infectious Diseases* 9, no. 12 (2009): 789–95.

30. Katie Dunne et al., “Intercountry Transfer of Triazole-Resistant Aspergillus Fumigatus on Plant Bulbs” , *Clinical Infectious Diseases* 65, no. 1 (March 29, 2017): 147–56; and Daisuke Hagiwara, “Isolation of Azole-Resistant Aspergillus Fumigatus from Imported Plant Bulbs in Japan and the Effect of Fungicide Treatment” , *Journal of Pesticide Science* 45, no. 3 (August 20, 2020): 147–50.
31. Paul E. Verweij et al., “The One Health Problem of Azole Resistance in Aspergillus fumigatus: Current Insights and Future Research Agenda” , *Fungal Biology Reviews* 34, no. 4 (December 2020): 202–14. For more about tulips, azoles, and aspergillus see Maryn McKenna, “When Tulips Kill” , *Atlantic*, November 15, 2018.
32. Paul E. Verweij et al., “One Health Problem” ; Caroline Burks et al., “Azole-Resistant Aspergillus fumigatus in the Environment: Identifying Key Reservoirs and Hotspots of Antifungal Resistance” , *PLoS Pathogens* 17, no. 7: e1009711 (July 29, 2021); and Johanna Rhodes et al., “Population Genomics Confirms Acquisition of Drug-Resistant Aspergillus fumigatus Infection by Humans from the Environment” , *Nature Microbiology* 7 (April 25, 2022): 663–74.
33. Toda Mitsuru et al., “Trends in Agricultural Triazole Fungicide Use in the United States, 1992–2016 and Possible Implications for Antifungal-Resistant Fungi in Human Disease” , *Environmental Health Perspectives* 129, no. 5 (April 26, 2022): 55001. For updated information see Centers for Disease Control and Prevention: “Antifungal-Resistant Aspergillus” .
34. Gero Steinberg and Sarah J. Gurr, “Fungi, Fungicide Discovery and Global Food Security” , *Fungal Genetics and Biology* 144 (2020): 103476.
35. 作者对 Gert Kema 的采访，2020 年 9 月 15 日；作者对 Rony Swennen 的采访，2020 年 1 月 22 日。

36. The ITC collection is stored at Katholieke Universiteit Leuven (KU Leuven). International Musa Germplasm Transit Centre.
37. Ines Van den houwe et al., “Safeguarding and Using Global Banana Diversity: A Holistic Approach” , *CABI Agriculture and Bioscience* 1, no. 1 (December 22, 2020): 15.
38. ProMusa, “Domestication of the Banana” .
39. 作者对 Rony Swennen 的采访。
40. Allan Brown et al., “Bananas and Plantains (Musa spp.)” , in *Genetic Improvement of Tropical Crops*, ed. H. Campos and P. D. S. Caligari (Springer International, 2017), 227.
41. 作者对 Rony Swennen 的采访。

第 8 章

1. University of Massachusetts, Amberst, “Faculty Revive Tradition by Marking Centennial of Metawampe Hike on Mt. Toby” , News and Media Relations, October 16, 2007.
2. Jesse Caputo and Tony D’Amato, “Mount Toby Demonstration Forest Management Plan” , Spring 2006, University of Massachusetts, Amherst.
3. 作者与 Taylor Perkins 的电子邮件通信，2022 年 11 月 17 日；Ping Lang et al., “Molecular evidence for an Asian origin and a unique westward migration of species in the genus Castanea via Europe to North America” , *Molecular Phylogenetics and Evolution* 43 (2007): 49–59; BF Zhou et al., “Phylogenomic analyses highlight innovation and introgression in the continental radiations of Fagaceae across the Northern Hemisphere” , *Nature Communication* 13 (2022): 1320.
4. D. Fairchild, “The Discovery of the Chestnut Bark Disease in China” , *Science* 38, no. 974 (August 1913): 297–99. For more about Frank Meyer see Frank N. Meyer, “Archives III FNM” , 2012, 1906–14, Archives of the

Arnold Arboretum, Harvard University, Cambridge, MA.

5. Susan Freinkel, *American Chestnut: The Life, Death, and Rebirth of a Perfect Tree*, ed. University of California Press (Berkeley: University of California, 2007), 96.
6. 关于人们早期从事繁殖工作的细节，参见：Freinkel, *American Chestnut*; and Richard A. Jaynes and Arthur Graves, "Connecticut Hybrid Chestnuts and Their Culture" (New Haven, CT: Connecticut Agricultural Experiment Station, 1963).
7. Henry Svenson, "Arthur Harmount Graves" , *Bulletin of the Torrey Botanical Club* 90, no. 5 (September–October 1963): 332–36; and Jaynes and Graves, "Connecticut Hybrid Chestnuts" .
8. Freinkel, *American Chestnut*, 100.
9. R. A. Jaynes, "Selecting and Breeding Blight Resistant Chestnut Trees" , in *Proceedings of the American Chestnut Symposium*, ed. William L Macdonald et al. (Morgantown: West Virginia University, 1978), 4–6.
10. Sandra L. Anagnostakis, "Chestnut Breeding in the United States for Disease Insect Resistance" , *Plant Disease* 96, no. 10 (October 2012): 1392–403; Jaynes, "Selecting and Breeding Blight Resistant Chestnut Trees" , 5.
11. Charles R Burnham, "The Restoration of the American Chestnut" , *The American Scientist* 76 (1988): 478–87.
12. Freinkel, *American Chestnut*, 134.
13. Jared W. Westbrook et al., "Optimizing Genomic Selection for Blight Resistance in American Chestnut Backcross Populations: A Trade - off with American Chestnut Ancestry Implies Resistance Is Polygenic" , *Evolutionary Applications* 13, no. 1 (January 29, 2020): 31–47.
14. Margaret Staton et al., "The Chinese Chestnut Genome: A Reference for Species Restoration" , *BioRxiv Preprint*, April 22, 2019.
15. 与 Jared Westbrook 的私人交流，2022 年 2 月 14 日。
16. Westbrook et al., "Optimizing Genomic Selection" .
17. Freinkel, *American Chestnut*, 111–28.

18. D. L. Nuss, "Biological Control of Chestnut Blight: An Example of Virus–Mediated Attenuation of Fungal Pathogenesis" , *Microbiological Reviews* 56, no. 4 (December 1992): 561–76; and Ursula Heiniger and Daniel Rigling, "Biological Control of Chestnut Blight in Europe" , *Annual Review of Phytopathology* 32, no. 1 (September 1, 1994): 581–99.
19. N. K. Van Alfen et al., "Chestnut Blight: Biological Control by Transmissible Hypovirulence in Endothia Parasitica" , *Science* 189, no. 4206 (September 12, 1975): 890–91.
20. Nuss, "Biological Control of Chestnut Blight" , 563.
21. Evelyn A. Havir and Sandra L Anagnostakis, "Oxalate Production by Virulent but Not by Hypovirulent Strains of Endothia Parasitica" , *Physiological Plant Pathology* 23, no. 3 (1983): 369–76.
22. SUNY College of Environmental Science and Forestry, "The Search for Blight Resistant–Enhancing Genes" .
23. Daniel Charles, *Lords of the Harvest: Biotech, Big Money, and the Future of Food* (Cambridge, MA: Perseus, 2001), 24.
24. George Silva, "Global Genetically Modified Crop Acres Increase amid Concerns–MSU Extension" , Michigan State University Extension, East Lansing, December 12.
25. Genetic Literacy Project, "Where Are GMO Crops and Animals Approved and Banned?" .
26. Danny Hakim, "Doubts About the Promised Bounty of Genetically Modified Crops–The New York Times" , *New York Times*, October 29, 2016.
27. Edward D. Perry et al., "Genetically Engineered Crops and Pesticide Use in U.S. Maize and Soybeans" , *Science Advances* 2, no. 8 (August 31, 2016): e1600850; and Akhter U. Ahmed et al., "The Impacts of GM Foods: Results from a Randomized Controlled Trial of Bt Eggplant in Bangladesh" , *American Journal of Agricultural Economics*103, no. 4 (November 13, 2020): 1186–1206.
28. Bo Zhang et al., "A Threshold Level of Oxalate Oxidase Transgene

Expression Reduces Cryphonectria Parasitica-Induced Necrosis in a Transgenic American Chestnut (Castanea Dentata) Leaf Bioassay”, *Transgenic Research* 22, no. 5 (2013): 973–82; and Andrew E. Newhouse et al., “Transgenic American Chestnuts Show Enhanced Blight Resistance and Transmit the Trait to T1 Progeny”, *Plant Science* 228 (November 1, 2014): 88–97.

29. See a summary of the petition here: William A Powell et al., “Petition for Determination of Nonregulated Status for Blight-Tolerant Darling 58 American Chestnut”, SUNY College of Environmental Science and Forestry, Syracuse, n.d.
30. “Comment from Global Forest Coalition”, Regulations.gov. 更多关于塞拉俱乐部的观点请见：Kate Morgan, “The Demise and Potential Revival of the American Chestnut”, *Sierra*, February 25, 2021.
31. 以下便是杰瑞德·韦斯特布鲁克（Jared Westbrook）所说的：“我认为美洲栗最大的希望便是结合传统的回交育种，引入部分中国栗中的基因，以此来增强抗性，同时利用转基因的 Darling 58 培育出一些最具抗性的树木，创造出‘抗性叠加’株。再加上 CRISPR 的方法，这可能会带来额外的希望。由于我们的知识储备不足，因此我们并不清楚亚洲栗的抗性原理，也不知道应该编辑哪些基因。”来自作者与杰瑞德·韦斯特布鲁克的电子邮件交流。
32. Syed Shan-e-ali Zaidi et al., “Engineering Crops of the Future: CRISPR Approaches to Develop Climate-Resilient and Disease-Resistant Plants”, *Genome Biology 21* (November 30, 2020): 289. 这些作物正处于不同的发展阶段。
33. Leena Tripathi, Valentine O. Ntui, and Jaindra N. Tripathi, “CRISPR/Cas9-Based Genome Editing of Banana for Disease Resistance”, *Current Opinion in Plant Biology* 56, no. Figure 1 (2020): 118–26; and Jaindra N. Tripathi et al., “CRISPR/Cas9 Editing of Endogenous Banana Streak Virus in the B Genome of Musa Spp. Overcomes a Major Challenge in Banana Breeding”, *Communications Biology* 2, no. 1 (2019): 1–11. For more about CRISPR

in crops see Zaidi et al., "Engineering Crops of the Future : CRISPR Approaches to Develop Climate-Resilient and Disease-Resistant Plants". 在具体的操作过程中，无论是否插入外源 DNA，都能使用 Cas9 技术；如果使用了该技术，最终会产生一个不含外源基因的植物。Mollie Rappe, "CRISPR Plants: New Non-GMO Method to Edit Plants", College of Agriculture and Life Sciences", CALS News, North Carolina State University, Raleigh, May 11, 2020; and Janina Metje-Sprink et al., "DNA-Free Genome Editing: Past, Present and Future", *Frontiers in Plant Science* 9 (January 14, 2019): 1957.

34. James Dale et al., "Transgenic Cavendish Bananas with Resistance to Fusarium Wilt Tropical Race 4", *Nature Communications* 8, no. 1 (2017): 1496.
35. 作者对 James Dale 的采访，2021 年 11 月 12 日。
36. Amy Maxmen, "CRISPR Could Save Bananas from Fungus," *Nature* 574, (October 3, 2021); 以及与 Dale 的邮件交流，2021 年 11 月 17 日。
37. Tripathi, Ntui, and Tripathi, "CRISPR/Cas9-Based Genome Editing of Banana for Disease Resistance".
38. 在此可能需要结合多种策略。斯文纳和一些科学家，包括波卡桑格雷在内，都支持生物防治。将这些微生物添加进土壤中，有些细菌和真菌能为植物提供营养物质，释放保护性化学物质，以及激发植物的自然防御功能。土壤中的天然微生物蕴含大量的酶，这些酶有利于植物营养物质的吸收，抵御机会性病原体的入侵——就像我们的肠道微生物一样。详见：Manoj Kaushal, Rony Swennen, and George Mahuku, "Unlocking the Microbiome Communities of Banana (*Musa* Spp.) under Disease Stressed (Fusarium Wilt) and Non-Stressed Conditions", *Microorganisms* 8, no. 3 (2020): 443. For further reading see: David Montgomery and Anne Bikle, *The Hidden Half of Nature* (New York: W. W. Norton & Company, 2016).
39. 作者与 Jared Westbrook 的邮件交流，2020 年 4 月 26 日。Westbrook 采信了 Sara Fitzsimmons 估算的数据，更多信息请参见：Sara F.

Fitzsimmons, “Magnitude of American Chestnut Restoration and the Roles of TAFC Chapters over the Next 40+ Years”.

40. 2020 年 6 月 9 日，作者对 Tom Wessels 的采访。

第 9 章

1. James Mahoney, “Views of the Famine”, *Illustrated London News*, February 13, 1847.
2. 这种疾病可能是从南美传播到了美国，然后又传到了欧洲，参见：Amanda C Saville and Jean B Ristaino, “Global Historic Pandemics Caused by the FAM-1 Genotype of Phytophthora Infestans on Six Continents”, *Scientific Reports* 11, (June 11, 2021).
3. Bruce S. Lieberman, “The Geography of Evolution and the Evolution of Geography”, *Evolution: Education and Outreach* 5, no. 4 (2012): 521–25.
4. Elizabeth Kolbert, The Sixth Extinction: An Unnatural History (New York: Henry Holt, 2014), 195–98.
5. Jean Beagle, Ristaino and Donald H. Pfister, “‘What a Painfully Interesting Subject’: Charles Darwin’s Studies of Potato Late Blight”, *BioScience* 66, no. 12 (2016): 1035.
6. Beagle, Ristano, and Pfister, “What a Painfully Interesting Subject”.
7. Hari S. Karki, Shelly H. Jansky, and Dennis A. Halterman, “Screening of Wild Potatoes Identifies New Sources of Late Blight Resistance”, *Plant Disease* 105, no. 2 (August 5, 2020): 368–76. 最近，人们先将致病疫霉的起源定位到南美，随后又追溯到美国东部，最后又确定到欧洲。它们从这里传播到非洲、印度、中国和澳大利亚，很可能是搭上了英国殖民者的便车。For more see Saville and Ristaino, “Global Historic Pandemics”.
8. 比格尔（Beagle）、里斯塔诺（Ristaino）和普菲斯特（Pfister）在《多么有趣的学科》（*What a Painfully Interesting Subject*）中指出，这种真菌后来被德国微生物学家和真菌学家德贝里证实为罪魁祸首。德贝里是植物病理学和现代真菌学的奠基人。See also U. Kutschera and U. Hossfeld, "Physiological Phytopathology: Origin and Evolution of a Scientific Discipline" , *Journal of Applied Botany and Food Quality* 85 (2012): 1–5.

9. Andrew M. Liebhold et al., "Live Plant Imports: The Major Path way for Forest Insect and Pathogen Invasions of the US" , *Frontiers in Ecology and the Environment* 10, no. 3 (February 18, 2012): 135–43; and Faith Campbell, "Living Plant Imports: Scientists Try to Counter Longstanding Problems" , *Center for Invasive Species Prevention*, December 21, 2021.
10. USDA, Economic Research Service, "Agricultural Trade" .
11. Deborah G. McCullough et al., "Interceptions of Non–indigenous Plant Pests at US Ports of Entry and Border Crossings over a 17–Year Period" , *Biological Invasions* 8 (January 20, 2006).
12. A. Martel et al., "Recent Introduction of a Chytrid Fungus Endangers Western Palearctic Salamanders" , *Science* 346, no. 6209 (2014): 630–31; Simon J. O'Hanlon et al., "Recent Asian Origin of Chytrid Fungi Causing Global Amphibian Declines" , *Science* 360, no. 6389 (May 11, 2018): 621–27; and An Martel et al., "Batrachochytrium salamandrivoranssp. nov. Causes Lethal Chytridiomycosis in Amphibans" , *Proceedings of the National Academy of Sciences of the United States of America* 110, no. 38 (September 3, 2013): 15325–29.
13. Martel et al., "Batrachochytrium salamandrivorans sp. nov" .
14. Matthew C. Fisher and Trenton W. J. Garner, "Chytrid Fungi and Global Amphibian Declines" , *Nature Reviews Microbiology* 18, no. 6 (2020): 332–43.
15. Martel et al., "Batrachochytrium salamandrivorans sp. nov" .
16. Tiffany A. Yap et al., "Averting a North American Biodiversity Crisis: A Newly Described Pathogen Poses a Major Threat to Salamanders via Trade" , *Science* 349, no. 6247 (2015): 481–82; and "AmphibiaWeb" .
17. Martel et al., "Recent Introduction of a Chytrid Fungus" ; and Defenders of Wildlife, "SOS—Save Our Salamanders" , July 28, 2015.

18. C. Gascon et al., eds., *Amphibian Conservation Action Plan* (Gland, Switzerland: IUCN/SSC Amphibian Specialist Group, 2007), 4.
19. Margaret Krebs et al., "Narrative: Stopping a Disease from Becoming a Crisis," National Socio-Environmental Synthesis Center, May 16, 2017; 以及作者对 Karen Lips 的采访，2020 年 3 月 13 日。
20. Joseph C. Mitchell, Joseph R. Mendelson, and Margaret M. Stewart, "George Bernard Rabb" , Copeia 105, no. 3 (2017): 592–98.
21. US Fish and Wildlife, "Injurious Wildlife Species; Review of Information Concerning a Petition to List All Live Amphibians in Trade as Injurious unless Free of Batrachochytrium dendrobatidis" , *Federal Register*, September 17, 2010.
22. For more about the outbreak see CNN, "Foot-and-Mouth Crisis Timetable" , CNN; and Alan Colwell, "Foot-and-Mouth Disease Keeps Hikers Indoors" , *New York Times*, March 18, 2001.
23. Anthony Browne, "Protesters March to Halt Mass Slaughter" , *Guardian*, April 21, 2001.
24. Steve Malakowsky, "Billions of Reasons (Dollars) to Keep Foot-and-Mouth at Bay" , *National Hog Farmer*, April 19, 2017.
25. Alejandro Segarra and Jean Rawson, "CRS Report for Congress" , 2001.
26. CNN, "Foot-and-Mouth Disease Precautions" .
27. CNN, "Foot-and-Mouth Disease Precautions" ; and Segarra and Rawson, "CRS Report for Congress" .
28. Department for Environment, Food, and Rural Affairs, United Kingdom, "National Foot and Mouth Disease Exercise Evaluation and Lessons Identified Report" , October 9, 2018.
29. USDA, "Foot-and-Mouth Disease Resonse Plan: The Red Book," draft, October 2020; and Agriculture Response Management and Resources (ARMAR), "Agriculture Response Management and Resources (ARMAR) Functional Exercise," June 29, 2018.
30. Camille Limoges, "Zoological Adventures" , *Science* (book review) 268,

no. 5207 (April 7, 1995): 135–36; and Timothy Collins, “From Anatomy to Zoophagy: A Biographical Note on Frank Buckland on JSTOR” , *Journal of the Galway Archaeological and Historical Society* 55 (2003): 91–109.

31. Nicole Kearney, “Exploring the Acclimatisation Society of Victoria’s Role in Australia’s Ecological History” , Biodiversity Heritage Library, January 25, 2018.
32. Acclimatization Society of Victoria, “Report of the Acclimatisation Society of Victoria” , Google Books.
33. Global Invasive Species Database, “100 of the World’s Worst Invasive Species” .
34. Robert Anderson, “The Lacey Act: America’s Premier Weapon in the Fight against Unlawful Wildlife Trafficking”, *Public Land Law Review*, 16 Pub. L. L.R. 27 (1995).
35. Theodore Whaley Cart, “The Lacey Act: America’s First Nationwide Wildlife Statute” , *Forest History Newsletter* 17, no. 3 (1973): 4–13.
36. Susan D Jewell, “A Century of Injurious Wildlife Listing under the Lacey Act: A History” , *Management of Biological Invasions* 11, no. 3 (2020): 356–71.
37. Jewell, “A Century” .
38. Code of Federal Regulations, “CFR 16.13: Importation of Live or Dead Fish, Mollusks, and Crustaceans, or Their Eggs” .
39. Defenders of Wildlife, “Petition to: Ken Salazar, Secretary, US Department of the Interior—Petition: To List All Live Amphibians in Trade as Injurious Unless Free of Batrachochytrium dendrobatidis” , September 9, 2009.
40. Martel et al., “Recent Introduction of a Chytrid Fungus” .
41. Yap et al., “Averting a North American Biodiversity Crisis” .
42. Karen R. Lips and Joseph Mendelson III, “Stopping the Next Amphibian Apocalypse” , *New York Times*, November 14, 2014.
43. Zhiyong Yuan et al., “Widespread Occurrence of an Emerging Fungal Pathogen in Heavily Traded Chinese Urodelan Species” , *Conservation*

Letters 11, no. 4 (July 1, 2018): e12436.

44. Yap et al., “Averting a North American Biodiversity Crisis”.
45. 作者与 Karen Lips 的邮件交流，2021 年 1 月 31 日。
46. J. Hardin Waddle et al., “Batrachochytrium salamandrivorans (Bsal) Not Detected in an Intensive Survey of Wild North American Amphibians”, Scientific Reports 10, 13012 (December 1, 2020).
47. 作者与 Frank Pasmans 的邮件交流，2021 年 2 月；以及 “Commission Implementing Decision (EU) 2018/320”, *Official Journal of the European Union*, February 28, 2018.
48. 作者与 Pasmans 的邮件交流。
49. 和美国一样，蛙弧菌已经成为欧盟国家的地方病，因此，欧盟委员会认为，不应将其排除在外。到目前为止，这种真菌并未给欧洲带来大的问题，因为当前流行菌株的致命性并不高。但是，在交易过程中出现高毒力菌株时，种群很容易受到感染。
50. 2020 年 9 月 14 日，作者对 Faith Campbell 采访。
51. USDA APHIS, “Risk-Based Sampling”.
52. USDA APHIS, “Ralstonia”.
53. 作者对 Campbell 的采访。
54. 作者对 Campbell 的采访。
55. 这种病原体也会导致番茄植株的枯萎病。W. E. Fry et al., “The 2009 Late Blight Pandemic in the Eastern United States: Causes and Results”, *Plant Disease* 97, no. 3 (2013): 296–306.
56. Sara Hagan, “Tree-Killing Fungus Found in Ohio”, *Journal News* (Butler County, Ohio), July 22, 2019.
57. Ganeshamoorthy Hariharan and Kandeeparoopan Prasannath, “Recent Advances in Molecular Diagnostics of Fungal Plant Pathogens: A Mini Review”, *Frontiers in Cellular and Infection Microbiology*, 10:600234 (January 11, 2021).
58. Centers for Disease Control and Prevention, “About the AR Lab Network”.
59. Ellora Karmarkar et al., “LB1. Regional Assessment and Containment of

Candida auris Transmission in Post-Acute Care Settings—Orange County, California, 2019", *Open Forum Infectious Diseases* 6, suppl. 2 (October 23, 2019): S993-S993.

60. Matt Richtel, "With All Eyes on Covid-19, Drug-Resistant Infections Crept In", *New York Times*, January 27, 2021.
61. Centers for Disease Control and Prevention, "Fungal Diseases and COVID-19"; and C. Prestel et al., "Candida auris Outbreak in a COVID-19 Specialty Care Unit—Florida, July-August 2020", *Morbidity and Mortality Weekly Report* 70, no. 2 (January 15, 2021): 56-57.
62. Centers for Disease Control and Prevention, "Tracking Candida auris".
63. 作者对 Tom Chiller 的采访，2020 年 1 月 15 日。
64. Kerry Klein, "Valley Fever Could Spread With Climate Change, Study Warns", Valley Public Radio, KVPR, 2019.
65. 作者对 Tom Chiller 的采访。
66. Day One Project, "About Us".
67. Karen R. Lips, "Improving Federal Management of Wildlife Movement and Emerging Infectious Disease," Day One Project, October 20, 2020.

第 10 章

1. Natalia Novikova et al., "Survey of Environmental Biocontamination on Board the International Space Station", *Research in Microbiology* 157, no.1 (2006): 5-12; and Novikova et al., "The Results of Microbiological Research of Environmental Microflora of Orbital Station Mir on Environmental Systems", in *SAE Technical 31st International Conference on Environmental Systems* (Orlando: Society of Automotive Engineers, 2001); "Mutant Fungus from Space," BBC News, March 8, 2001.
2. Novikova et al., "Survey of Environmental Biocontamination on Board the International Space Station".

3. 2020 年 9 月 23 日，作者对 Marta Cortesão 的采访。
4. Joshua Lederberg, “Exobiology: Approaches to Life beyond the Earth”, *Science* 132, no. 3424 (January 3, 1960): 393–400.
5. Lederberg, “Exobiology”.
6. Joshua Lederberg, “Can We Keep Mars Clean?”, *Washington Post*, February 19, 1967.
7. Lederberg, “Exobiology”.
8. As quoted in: Michael Meltzer, *When Biospheres Collide: A History of NASA's Planetary Protection Program* (Washington, DC: US Government Printing Office, 2011).
9. Lederberg, “Exobiology”.
10. 2021 年 3 月 11 日，作者对 Andy Spry 的采访。
11. Moogega Cooper, “Planetary Protection: Protecting the Earth from the Universe . . . and the Universe from Earth”.
12. John D Rummel et al., “A New Analysis of Mars ‘Special Regions’: Findings of the Second MEPAG Special Regions Science Analysis Group (SR–SAG2)”, *Astrobiology* 14, no. 11 (November 2014): 887–968.
13. Jet Propulsion Laboratory, NASA, “Mars 2020 Perseverance Launch Press Kit: Biological Cleanliness”.
14. 作者对 Andy Spry 的采访。
15. Marta Cortesão et al., “Aspergillus niger Spores Are Highly Resistant to Space Radiation”, *Frontiers in Microbiology* 11:560. (April 2020).
16. 2020 年 9 月 23 日，作者对 Marta Cortesão 的采访。
17. 作者对 Marta Cortesão 的采访。
18. Y. Kawaguchi et al., “DNA Damage and Survival Time Course of Deinococcal Cell Pellets During 3 Years of Exposure to Outer Space”, *Frontiers in Microbiology* 11 (2020): 2050.
19. Cortesão, “Aspergillus niger”.
20. 作者对 Marta Cortesão 的采访。
21. 作者与 Spry 的邮件交流，2021 年 12 月 8 日。

22. “Space: Is the Earth Safe From Lunar Contamination?” , *Time*, June 13, 1969.
23. “Charles A. Berry Oral History” , interview by Carol Butler, Houston, TX, April 29, 1999.
24. Dagomar Degroot, “What Can We Learn from the Lunar Pandemic That Never Was?” , *Aeon*, December 22, 2020.
25. Degroot, “What Can We Learn?” .
26. 作者与 Spry 的邮件交流，2022 年 5 月 1 日。
27. NASA, “With First Martian Samples Packed, Perseverance Initiates Remarkable Sample Return Mission” , October 12, 2021.
28. 作者对 Matthew Fisher 的采访，2020 年 3 月 24 日。
29. John Messerly, “Hope and Pandora’s Box” , Reason and Meaning (blog), March 11, 2017.
30. Robert A. Cook, William Karesh, and Steven A. Osofsky, “Conference Summary, One World, One Health: Building Interdisciplinary Bridges to Health in a Globalized World” , Rockefeller University, New York, September 29, 2004.
31. American Society for Microbiology, “One Health: Fungal Pathogens of Humans, Animals, and Plants” , Report on an American Academy of Microbiology Colloquium, Washington, DC,October 18, 2017.
32. Rita Algorri, “A One Health Approach to Combating Fungal Disease: Forward–Reaching Recommendations for Raising Awareness” , *American Society for Microbiology*, 2019.

延伸阅读

真菌

1. E.C. Large, *The Advance of the Fungi* (New York: Henry Holt, 1940).
2. Nicholas P. Money, *The Triumph of the Fungi: A Rotten History* (Oxford: Oxford University Press, 2006).
3. Merlin Sheldrake, *Entangled Life: How Fungi Make Our Worlds, Change Our Minds & Shape Our Futures* (New York: Random House, 2020).
4. Suzanne Simard, *Finding the Mother Tree: Discovering the Wisdom of the Forest* (New York: Knoph, 2021).

食品

1. Daniel Charles, *Lords of the Harvest: Biotech, Big Money, and the Future of Food* (MA: Perseus, 2001).
2. Cary Fowler, *Seeds on Ice: Svalbard and the Global Seed Vault* (Westport, CT: Prospecta Press, 2016).
3. Dan Koeppel, *Banana: The Fate of the Fruit that Changed the World* (New York: Plume, 2008).
4. Charles C. Mann, *The Wizard and the Prophet: Two Remarkable Scientists And Their Dueling Visions to Shape Tomorrow's World* (New York: Vintage, 2018).
5. Stuart McCook, *Coffee is Not Forever: A Global History of the Coffee Leaf*

Rust (Athens: Ohio University Press: 2019).
6. Dan Saladino, *Eating to Extinction: The World's Rarest Foods and Why We Need to Save Them* (New York: Farrar, Straus and Giroux, 2022).
7. John Soluri, *Banana Cultures: Agriculture, Consumption & Environmental Change in Honduras & the United States* (Austin: University of Texas Press, 2005).
8. Daniel Stone, *The Food Explorer: The True Adventures of the Globe-Trotting Botanist Who Transformed What America Eats* (New York: Dutton, 2018).

其他物种

1. Anne Biklé and David Montgomery, *The Hidden Half of Nature: The Microbial Roots of Life and Health* (New York: W. W. Norton, 2015).
2. Susan Freinkel, *American Chestnut: The Life, Death, and Rebirth of a Perfect Tree* (Berkeley: University of California Press, 2007).
3. Elizabeth Kolbert, *The Sixth Extinction: An Unnatural History* (New York: Henry Holt, 2014).
4. Michael Melzer, *When Biospheres Collide: A History of NASA's Planetary Protection Program*, (DC: US Government Printing Office, 2011).
5. Donald Peattie, *A Natural History of North American Trees* (San Antonio, TX: Trinity University Press, 2013).
6. Diana Tomback, Stephen Arno and Robert Keane, eds: *Whitebark Pine Communities: Ecology And Restoration* (DC: Island, 2001).
7. Jonathan Weiner, *The Beak of the Finch* (New York: Vintage Books, 1995).

真菌表[1]

锈腐假裸囊子菌（*Pseudogymnoascus destructans*）
根霉菌（*Rhizopus*）
粉色迪斯科（Pink disco）
毁灭天使（Destroying angel）
死人手指（Dead-Man’s fingers）
羊肚菌（Morels）
鸡油菌（Chanterelles）
灰树花（Hens-of-the-woods）
耳道假丝酵母菌（*Candida auris*）
酿酒酵母菌（*Saccharomyces cerevisiae*）
白假丝酵母菌（*Candida albicans*）
猩红肉杯菌（Scarlet Elfin cups）
皱盖钟菌（Brain-like morels）
布拉迪酵母菌（*Saccharomyces boulardii*）
巴西孢子丝菌（*Sporothrix brasiliensis*）
隐球菌（*Cryptococcus*）
球孢子菌（*Coccidioides*）
毛霉菌（Mucormycosis）
壶菌（Chytrid）
蛙壶菌（*Batrachochytrium dendrobatidis*）

---

① 按照书中出现的顺序排序。——编者注

蝾螈壶菌（*Batrachochytrium salamandrivorans*）
胶锈菌瘿（Cedar-apple rust fungal）
松疱锈菌（*Cronartium ribicola*）
被孢锈菌（*Peridermium*）
寄生间座壳属菌（*Diaporthe parasitica*），后更名为寄生隐丛赤壳菌（*Cryphonectria parasitica*）
尖孢镰刀菌古巴专化型（*Fusarium oxysporum f. sp. cubense*）
斐济假尾孢菌（*Pseudocercospora fijiensis*）
香蕉假尾孢菌（*Pseudocercospora musicola*）
茶藨生柱锈菌（*Cronartium ribicola*）
烟曲霉（*Aspergillus fumigatus*）
青霉菌（*Penicillium*）
致病疫霉（*Phytophthora infestans*）
玉蜀黍黑痣菌（*Phyllachora maydis*）
黑曲霉（*Aspergillus niger*）